JN197083

ロードシミュレーションハンドブック発刊に際して

1960 年代後半～70 年代にかけ，欧米を中心に開発されたロードシミュレータ(4-poster，多軸 RIG)は，80 年代に入ると日本だけでなく世界中にも導入され 90 年代からは急速に普及が進み，現在では各自動車メーカが複数台保有し稼働させている耐久性開発の必須設備となっている．また，その技術は信号処理や振動工学などの基礎理論から油圧サーボの様な設備技術まで広く及んでおり，その習得には基礎学習と経験の繰り返しが重要である．しかしながら，設備メーカが作るマニュアルはあるものの，理論や実務上のノウハウを系統立てて,解説した参考書や書籍はほとんどないのが現状である．

一方，(公社)自動車技術会・疲労信頼性部門委員会では 1990 年にロードシミュレーションワーキンググループを設立し，自動車メーカでロードシミュレータに従事するエンジニアを募り，関心事や改善点など情報を共有することで自動車業界全体のロードシミュレーション技術の底上げとエンジニア育成に貢献してきた．現在では，同委員会の路面入力標準化ワーキンググループにその活動は引き継がれ，自動車開発の中核技術としてその改善と発展に貢献している．

今回，この約 25 年に渡る活動の集大成の一つとして，実際にロードシミュレーションに携わる各社のエンジニアが中心となり，ロードシミュレーション理論並びに実務ノウハウを一冊のハンドブックに纏めた．本内容は，新たにロードシミュレーションに取り組むエンジニアには勿論のこと，既に従事しているエンジニアにとっても有用なものとなっているため，十分実務へ活用していただけると信じている．

最後に，本ハンドブックを編纂するに当たり，多大なご努力をいただいた疲労信頼性部門委員会・路面入力標準化ワーキンググループのメンバーに感謝いたします．

2016 年 11 月

公益社団法人　自動車技術会
疲労信頼性部門委員会
委員長　中丸　敏明

ロードシミュレーションハンドブック執筆者

第１章	川本　　淳	プレス工業株式会社
	城　　靖章	株式会社本田技術研究所
	箱嶋　一平	プレス工業株式会社
第２章	荒牧　裕勝	トヨタ自動車株式会社
	田中　宏一	ダイハツ工業株式会社
	中村　明史	三菱ふそうトラック・バス株式会社
第３章	板倉　明仁	スズキ株式会社
	稲垣　成浩	三菱自動車工業株式会社
	大橋　　明	トヨタ車体株式会社
	小川　能弘	株式会社共和電業
	斉藤　優志	富士重工業株式会社
	酒井　優士	日産自動車株式会社
	三部　真智	トヨタ自動車東日本株式会社
	中野　吉伸	トヨタ車体株式会社
	蓮水　正信	富士重工業株式会社
全　章	大石　久己	工学院大学
	橋爪　俊幸	エムティエスジャパン株式会社
	松本　英朗	工学院大学

※五十音順

目　次

第1章　ロードシミュレーションの概要と疲労信頼性評価への適用

第2章　ロードシミュレーションの基礎理論

第3章　ロードシミュレータによる実働波の再現技術

第1章　ロードシミュレーションの概要と疲労信頼性評価への適用

自動車は，**図 1-1** に示すように熱，水，風，エンジン振動，操作入力，路面入力等，様々な負荷を受けるので，車両開発では多種多様な評価試験が行われている．近年 CAE (Computer Aided Engineering) 技術が発達してきているものの，実機による評価試験の重要性に変わりはない．実機評価試験は，市場を模擬したプルービンググラウンドを走行する実走行試験と，実験室で行われる台上試験とに大別される．本章では，ロードシミュレーションと台上試験で広く活用されているロードシミュレータについて，その概要と，疲労信頼性評価における位置づけ，使い方について記述する．

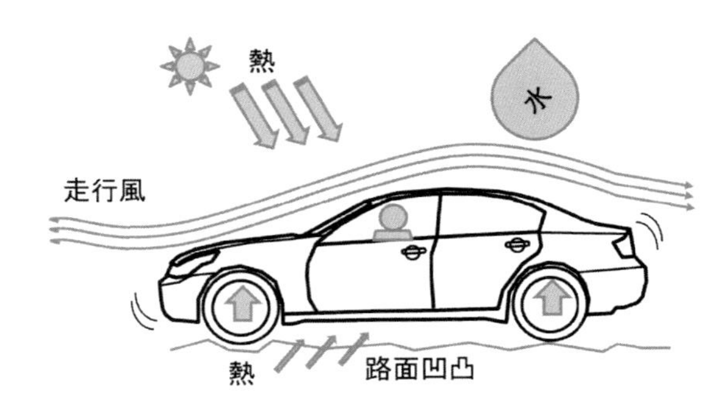

図 1-1　実走行時の負荷

1.1　ロードシミュレーションの概要

ロードシミュレーションとは，車両，サブシステム，部品の挙動と荷重を高精度に再現することであり，その代表的な加振装置としてロードシミュレータがある．たとえば，実走行時の車両応答をロードシミュレータで再現できれば，実走行による評価試験を実験室で再現して車両の疲労信頼性を評価できる．

1.2　車両開発におけるロードシミュレータの主な用途

ロードシミュレータは主に疲労信頼性と振動や音の評価に活用されている．それぞれの評価試験でロードシミュレータを活用するメリットについて簡単に述べる．

1.2.1　疲労信頼性評価

耐久試験は，悪路走行時の路面入力に代表されるような繰り返し入力に対する疲労信頼性を評価するために行われている．ロードシミュレータは，実走行耐久試験に比べて無人化，昼夜稼動，および加速試験により短期間に効率よく評価することが可能であり，再現性が高いこと，同じ条件で繰り返し入力できること，最終故障モードの確認ができること等のメリットがある．

1.2.2　乗り心地評価

振動乗り心地試験は，乗り心地の良し悪しを評価する目的と，乗り心地改良のために振動発生機構を解析する目的で行われている．また，人間が振動に対しどのように反応するかといったごく基礎的な試験も行われている．ロードシミュレータは，実走行に比べて試験条件を一定に保つことができること，多くのセンサによる複雑な振動測定ができること，任意の周波数の振動を与えることができること等のメリットがある．

1.2.3　騒音・異音評価

騒音試験は，騒音の良し悪しを評価するための試験と，騒音の原因究明とその改良をするための試験とに分類される．騒音の原因究明とその改良をする場合，多項目に対して適応できる一般的な方法がないことから，発生した問題に応じてその都度試験方法を開発，選択している．ロードシミュレータによる試験は，実走行に対し，天候に左右されず，走行条件も任意にコントロールできるので，試験効率が高く，実走行では取り外せない部品を取り外した状態で試験することもでき，開発試験に有効である．

1.3　ロードシミュレーションの疲労信頼性評価への適用

1.3.1　車両に加わる負荷

疲労信頼性評価について述べるにあたり，まずはじめに，機械・構造物が壊れる条件について説明する．**図 1-2** に Stress-Strength モデルを示す．このモデルは，壊れる条件をシンプルに表現する概念図であり，物に加わる負荷がその強度より小さければ物は壊れず，負荷が強度を上回ると物は壊れることを示している．これは疲労信頼性を評価する上での基本的な考え方であり，市場での負荷を把握することと耐久試験で適正な負荷を加えることが重要であることを意味している．

市場での負荷はその発生要因に応じていくつかの種類に分類される．代表的な負荷について述べる．未舗装路，劣化した舗装路，段差など凹凸のある路面を走行すると，車両は大きな路面入力を受け，発進や加減速をすると駆動・制動力を受ける．これらはタイヤを介して車両に加わる負荷である．車両はエンジンが発生する振動や熱による負荷も受ける．また，人がペダル，ハンドル，シート，ドア等を操作すると，その部品とその取り付け部は人による操作力を受ける．直接外力が作用する訳ではないが，水，泥，塩など車両の耐久性を低下させる因子もあり，これらは環境負荷と呼ばれている．

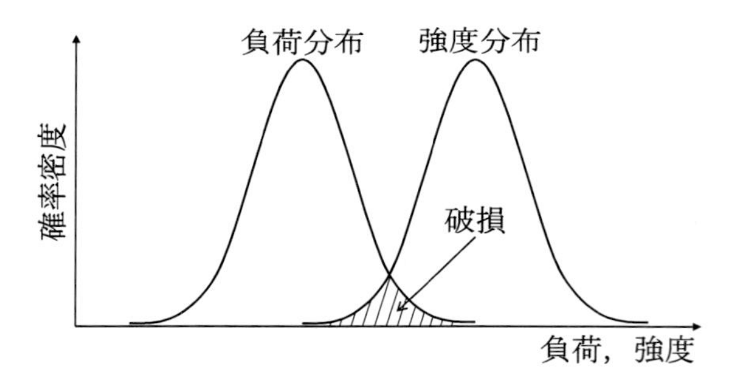

図 1-2　Stress-Strength モデル

図 1-3 にこれら各種の負荷条件と，車両の部位と部品について，疲労信頼性評価の必要性をまとめたものを示す．ロードシミュレータによる耐久試験において代表的な評価対象部位は車体とサスペンションである．それらに対しては，機械的負荷である路面入力と駆動・制動力は特に重要な負荷条件である．車体とサスペンションの材質や構造によっては環境負荷も重要な負荷条件となり，機械的負荷と環境負荷を併せた複合負荷による評価が必要である．

1.3.2　ロードシミュレータの位置づけ

市場の路面入力と駆動・制動力に対する疲労信頼性保証は，市場調査や実績に基づき，プルービンググラウンドにおける耐久性評価に置き換えられる．評価は「実走行耐久試験」が基本となる．しかし，実走行耐久試験は，試験時間が長く，費用が高く，作業者への負担が大きいなど課題は多い．そこで，実走行を行わずに実験室での加振機による「台上耐久試験」も行われている．

表 1-1 に，実走行耐久試験に対する台上耐久試験のメリットとデメリットを示す．台上耐久試験の大きなメリットの一つは試験時間の短縮である．評価対象部位の疲労挙動に影響がない範囲で負荷レベルを大きくすることにより試験時間を短縮することができる．加振機の昼夜稼働を行えばさらなる短縮も可能である．これにより耐久試験結果を車両開発により早くフィードバックすることができる．その他にも試験費用の低減，試験の

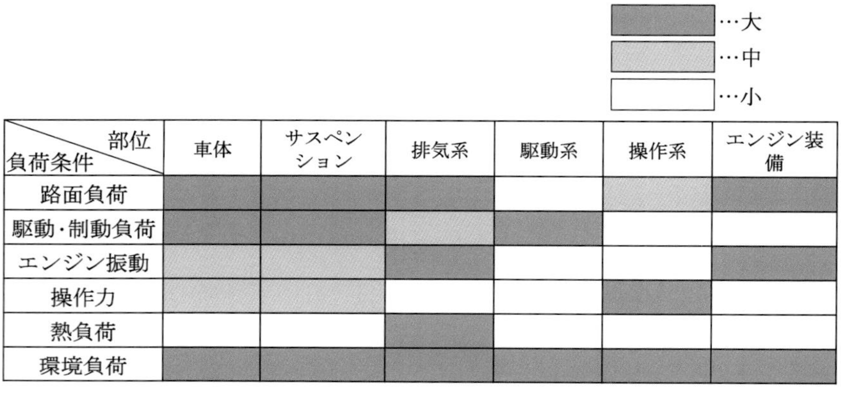

疲労信頼性評価の必要性
■…大
▨…中
□…小

負荷条件＼部位	車体	サスペンション	排気系	駆動系	操作系	エンジン装備
路面負荷	大	大	大	小	中	大
駆動・制動負荷	大	大	中	大	小	小
エンジン振動	中	中	大	小	小	大
操作力	中	中	小	小	大	小
熱負荷	小	小	大	小	小	小
環境負荷	大	大	大	大	大	大

図 1-3　負荷条件・部位と疲労信頼性評価の必要性

表 1-1　実走行耐久試験に対する台上耐久試験のメリットとデメリット

メリット	試験時間の短縮	負荷レベルの変更や疲労に影響が小さい低入力を除去可能
	試験費用の低減	走行可能な試験車やドライバが不要 試験時間の短縮が可能
	試験の安定化	同一条件での試験の反復が可能
	最終破損の確認	無人試験でドライバへの危険が無いので破損するまで試験可能
	早期の試験	評価対象外の部品が未完成の時期に試験可能
デメリット	評価対象部品	車体、サスペンション等に限定される
	環境負荷	熱，水，泥，埃，飛石等の考慮が困難

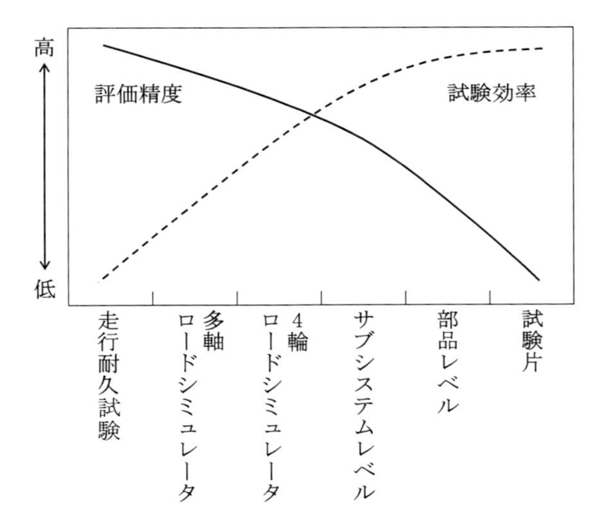

図 1-4　各種耐久試験における評価精度と試験効率の関係

安定化など台上耐久試験は多くのメリットを有する．一方で，供試体の固定方法と入力方法を誤ると適正な評価ができないので十分注意する必要がある．

台上耐久試験は，目的によって部品レベル，複数部品で構成されるサブシステムレベル，車両レベルで行われている．**図 1-4** に各種耐久試験方法におけるそれぞれの位置づけを評価精度と試験効率の観点で概念的に示す．

部品レベル，サブシステムレベルの台上耐久試験は，単軸加振機による一定荷重振幅で行われる場合が多い．試験準備に掛かる時間は，評価対象部品の数によって多少異なるものの比較的短く，加振機や供試体に掛かる費用も低いので，試験効率が高い試験方法と言える．一方，実走行時に部品に加わる複雑な負荷を単軸加振可能なシンプルな負荷に置き換える必要があるので，その評価精度には限界がある．特に車体やサスペンションは構成要素が多く，入力形態や入力部位が複雑かつ多岐にわたるので，それらを精度良く総合評価することは難しい．

そこで，現在は開発試験時に他の試験と並行して総合評価のためのロードシミュレータによる台上耐久試験も行われている．ロードシミュレータは実働波形の高精度な再現加振が可能なので，他の方法の台上耐久試験に比べて評価精度の面で特に優れている．また，悪路走行時のような過渡的な車両慣性力を生じさせることができるので，車両全体の評価が可能な点も特徴の一つである．

1.3.3　ロードシミュレータの種類

ロードシミュレータにはいくつかの種類がある．適正な評価を効率的に行うためには，各種ロードシミュレータの特徴を理解しておくことが重要である．**図 1-5**～**図 1-7** に代表的なロードシミュレータの外観を示し，**表 1-2** にそれぞれの特徴をまとめて示す．

図 1-5 は 4 輪ロードシミュレータ（4-poster）で，4 輪をタイヤ接地点から上下方向に加振する装置である．悪路走行等の上下方向の路面入力による車体負荷の再現を主な目的とする．加振軸が

表 1-2　ロードシミュレータの種類と特徴

ロードシミュレータ種類	制御できる入力	主な評価対象
4-poster	タイヤ接地点・上下	車体 (主にアッパーボデー)
6DOF	スピンドルに上下/前後/左右力および制動/キャンバ/ステアモーメント	サスペンション，車体
多軸加振テーブル	6自由度加振， ドライブシャフトトルク	車体部品取付部， エンジンマウント

図 1-5　4-poster

図 1-7　多軸加振テーブル

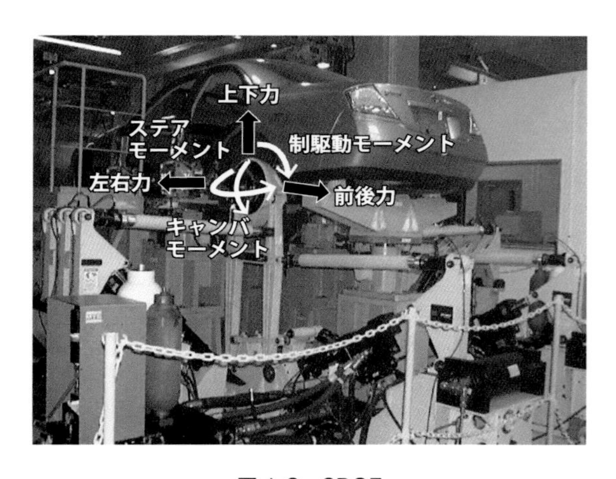

図 1-6　6DOF

少なく操作が簡便なこともあり，車体の耐久性を評価するための装置として広く活用されている．ただし，前後方向や左右方向の入力を受ける車体部位やサスペンションの評価には適していない．

図 1-6 は 6 自由度多軸シミュレータ（6DOF）で，1 輪当たり上下，前後，左右の並進 3 方向，および各軸まわりの回転 3 方向の計 6 自由度を加振制御できる装置である．4-poster に比べて加振軸が多いので実走行再現精度が高い．上下以外の方向も加振できるので，悪路走行時のサスペンション評価も可能である．

図 1-7 は多軸加振テーブルで，供試体を載せた加振台の 6 自由度を加振制御できる装置である．車両に加え，部品，サブシステムを供試体にできるので，用途の広い装置である．たとえば，バッテリや燃料タンク等，車体に取り付ける部品とその車体取り付け部を供試体として，走行時の振動を再現する耐久試験を行うことができる．車両駆動時のエンジンマウントやエンジン補機類を評価するために，ドライブシャフトトルクを負荷できる装置もある．

次に，ロードシミュレータで耐久試験を行うにあたり検討すべきポイントについて述べる．ロードシミュレータは加振軸が多くなると，各加振軸の干渉の補正など制御は複雑になるものの，実走行における車両応答をより精度良く再現できるようになるので評価精度は向上する．一方，実走行時の車体，サスペンションに加わる全ての入力を一つのロードシミュレータでカバーしようとすることは台上耐久試験のメリットである試験効率を悪化させるばかりか，設備も複雑かつ高価なものとなり現実的ではない．ロードシミュレータで耐久試験を行うにあたっては，評価対象を明確にした上で，評価精度と試験効率が適正なバランスとなるようにロードシミュレータを選択することが重要である．

1.3.4　ロードシミュレータの使い方

評価対象を適正に評価するためにはロードシミュレータの使い方についても検討する必要がある．**図 1-8** に多軸シミュレータの使い方の一例を示す．

フローティングはボデーを固定しないで加振する方法である．ボデーを固定しないので過渡的な車両慣性力を実走行のように生じさせることができる．そのため，悪路走行の再現に適しており，悪路走行における車体とサスペンションを評価する目的で行われることが多い．ただし，サスペンション評価に必要な駆動・制動時の入力や旋回時の入力を再現することは難しい．フローティングでこれらの入力を再現する場合は，駆動・制動や旋回における車両慣性力を生じさせなければならず，非常に大掛かりな試験装置が必要となってしまう．

そのため，駆動・制動入力や旋回入力を負荷する場合には，ボデー固定の方法が用いられている．ボデーを固定すれば，車両慣性力に相当する反力を確保することができるので，これらの入力を負荷することができる．ただし，固定部近傍は固定による反力の影響を大きく受けてしまうので，評価対象部位が固定部近傍にならないように注意する必要がある．このように，評価対象とその評価に必要な主要入力を明確にして，ロードシミュレータの得手不得手を理解した上で，耐久試験方法を検討することが重要である．

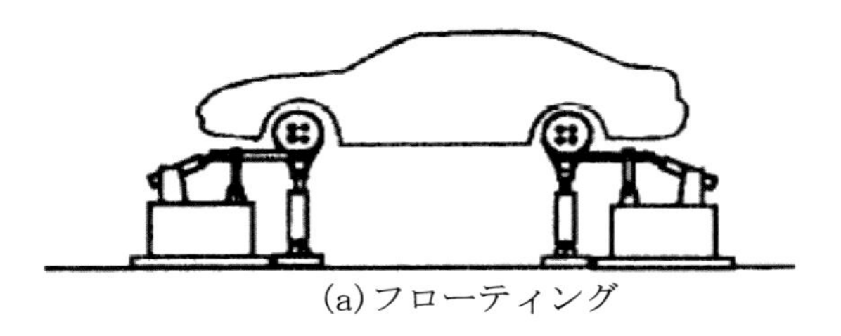

(a) フローティング

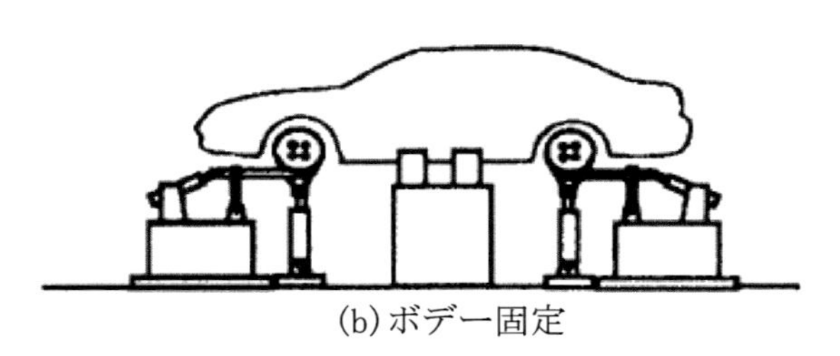

(b) ボデー固定

図 1-8　ロードシミュレータの使い方

参　考　文　献

（1）中塚武司　他 “自動車工学全書 3” 自動車の性能と試験 p.188-189，p.195-197
（2）加納重人　他 “疲労信頼性評価のためのロードシミュレーション技術” 自動車技術会学術講演会前刷集，No.943，p.165-168　1994
（3）青木恒保　他 “国内各地の車両負荷とデータベース化” No.12-05　JSAE シンポジウム　p.38-43　2005
（4）大島恵　他 “自動車構造の疲労信頼性に関する高度化・先端技術” 自動車技術　Vol.44　No.9　p.105-108　1990
（5）岩佐弘司 “台上耐久性評価試験法” 自動車の疲労信頼性設計・評価技術セミナー No.9306　P.11-16　1993
（6）中丸敏明 “ロードシミュレータを用いた車体・シャシ耐久性評価手法” 自動車技術 Vol.59　No.7　p.89-94　2005
（7）望月英二　他 “ロードシミュレータの概要とその疲労信頼性評価への適用” 自動車技術会　自動車の疲労信頼性設計・評価技術セミナー　No.9306　p.17-27　1993

第2章　ロードシミュレーションの基礎理論

疲労信頼性評価において**図 2-1** に示すシステムへの入力とその出力の関係が，ロードシミュレーションを考える際の基礎となる．近年のロードシミュレータの制御システムは非常に便利なものとなっており，専門的な知識がなくとも操作は可能である．しかし，精度良くかつ効率的に使いこなすには，それをブラックボックス化せず，基礎理論や試験機の特性を十分に理解することが重要である．そこで，本章では入力と出力の関係を理解するために最低限必要な振動理論や線形システム理論，疲労信頼性の議論に不可欠な考え方について，「運動を理解する」，「運動を再現する」そして「再現性を疲労信頼性の観点で考える」という流れでまとめる．

2.1　運動を理解する

車両の運動を理解するためには，作用する力とそれに対する応答との関係を示す動力学を理解することが重要である．ただし，運動を的確に表現するために車両の運動を実現象と一致させる力学モデルを作ろうとすると大変複雑なものになり，理解も困難になってしまう．さらに，コストや納期の観点でもモデル化のメリットが少なくなってしまう．そのため，複雑な実現象を目的に応じていかに単純化するかが最も重要で難しい課題となる．

力学モデルの分類には離散系と連続系がある．質量を質点として考えてモデル化したものが離散系で，質量分布を連続的に考えてモデル化したものが連続系である．離散系はモデルを単純化できるというメリットがある．一方，連続系は内部伝搬等を考える場合にメリットがある．

また，線形系と非線形系の分類がある．線形系は重ね合わせの原理が成り立ち，理論的な展開や理解がしやすい．一方，非線形系は重ね合わせの原理が成り立たず，理論的な展開や理解が難しく，等価線形系による近似や数値計算に頼ることになるが，その精度には注意が必要である．

さらに，システムを構成する質量やばねの力学的特性が時間的に変化するかどうかということも重要である．特性が変化しないものは時不変系に，変化するものは時変系に分類される．当然，時変系の解析は非常に複雑なものになる．

図 2-2 に車両を最も単純化したモデルの一例を示す．x は路面変位入力，y_1 はばね下質量の変位，y_2 はばね上質量の変位を示している．一般に車両の運動において微小振幅領域では線形系として扱って問題ないことが多い．しかし，車両の疲労信頼性を考える際は，比較的振幅の大きい非線形領域を扱うことが多い．さらに，観測対象時間が長いので特性の時間変化があり，時変系として扱う必要がある．そのため，実際の車両では非線

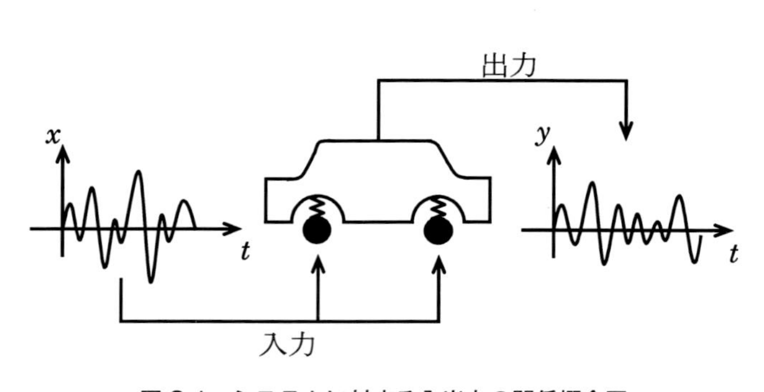

図 2-1　システムに対する入出力の関係概念図

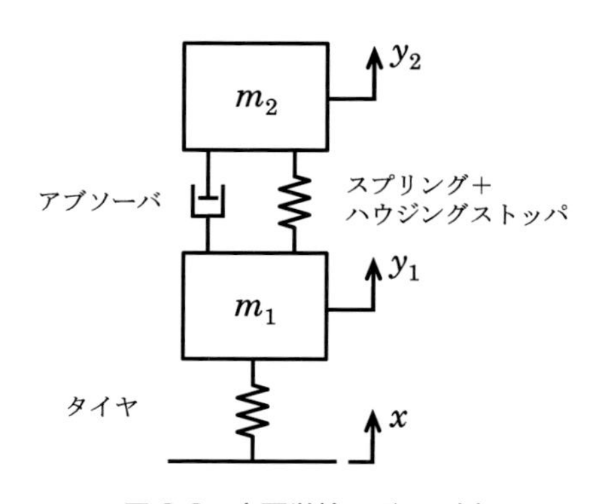

図 2-2　車両単輪モデルの例

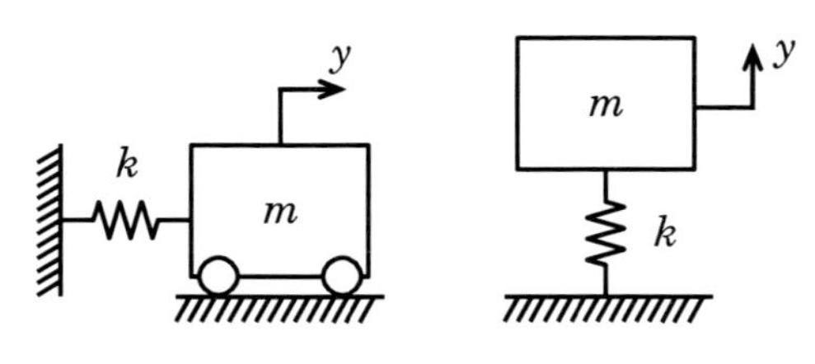

図 2-3　減衰のない 1 自由度系の自由振動モデル

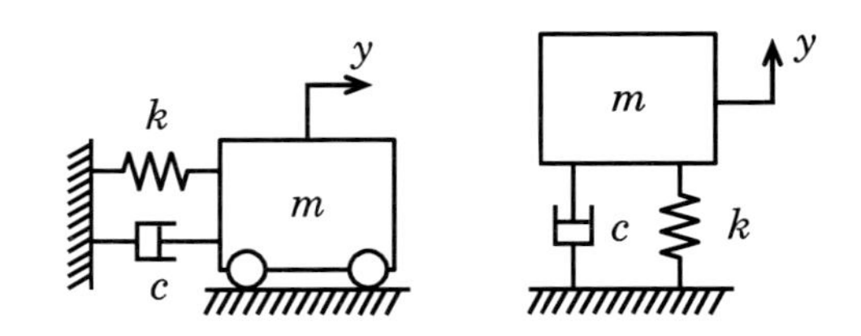

図 2-4　減衰のある 1 自由度系の自由振動モデル

形な特性や時変特性の影響は無視できない．しかし，線形系や時不変系として扱うことは挙動を理解する上で非常に有用であるので，ここでは離散系，線形系，時不変系での理論展開を実施する．

2. 1. 1　減衰のない線形 1 自由度系の自由振動

自由度は，力学系のモデルの状態を特定するために必要な座標の数のことをいう．まず，**図 2-3** のように 1 自由度系のモデルとして質量 m の物体がばね定数 k のばねを介して壁や床に固定されている系を考える．ここで，質量は質点で変形がなく，ばねに質量はなく，ばね特性は線形であるとする．ばねの一部を等価質量として質点の質量に加えて運動方程式をたてる考え方もあるが，それについては機械力学等の参考書(たとえば参考文献(4))を参照されたい．

図 2-3 に示す系の質点に作用する力は，ばねの復元力のみであるので，慣性力を考慮して力のつりあいから式(2-1)と書ける．

$$-m\ddot{y}-ky=0 \tag{2-1}$$

ここで，y は質点の変位を示し，

$$\frac{d^2y}{dt^2}\equiv\ddot{y} \tag{2-2}$$

とした．式(2-1)の両辺を m で除して書き換えると，

$$\ddot{y}+\omega_n^2y=0 \tag{2-3}$$

を得る．これが線形 1 自由度系の自由振動を表す運動方程式である．ただし

$$\omega_n=\sqrt{\frac{k}{m}} \tag{2-4}$$

$$f_n=\frac{\omega_n}{2\pi} \tag{2-5}$$

とする．式(2-4)の ω_n が固有角振動数で，式(2-5)の f_n が固有振動数である．

2. 1. 2　減衰のある線形 1 自由度系の自由振動

2. 1. 1 項で示した減衰のない線形 1 自由度系の自由振動の場合，初期変位を与えると一定の振幅で振動するが，実際の振動系では振幅は徐々に小さくなる．これは系がはじめに持つエネルギーが次第に消散されるためで，その要因は空気抵抗や摩擦など様々である．これに対して一般に速度に比例する粘性減衰が仮定され，**図 2-4** のようにばね k にダンパ c が並列に結合されたモデルが利用される．ダンパは伸縮速度に比例した減衰力を発生する要素である．したがって，質点に作用する力は，ばねの復元力に減衰力が加わるので慣性力を考慮して式(2-6)と書ける．

$$-m\ddot{y}-ky-c\dot{y}=0 \tag{2-6}$$

ここで，両辺を m で除して書き換えると

$$\ddot{y}+2\zeta\omega_n\dot{y}+\omega_n^2y=0 \tag{2-7}$$

を得る．これが粘性減衰を含んだ線形 1 自由度系の自由振動を表す運動方程式である．ただし，式(2-8)に示すように減衰比 ζ を定義した．

$$\zeta=\frac{c}{2\sqrt{mk}} \tag{2-8}$$

式(2-7)は線形常微分方程式であるので，一般解を $y=ae^{\lambda t}$ とおき，式(2-7)に代入することで，λ に関する特性方程式 $\lambda^2+2\zeta\omega_n\lambda+\omega_n^2=0$ を得る．この解は式(2-9)で与えられる．

$$\lambda=\left(-\zeta\pm\sqrt{\zeta^2-1}\right)\omega_n \tag{2-9}$$

ここで，式(2-9)の根号内が 0 となる $\zeta=1$ は，λ が虚数成分を持つかどうかを定め，運動の振動状態を決める臨界値であり，そのときの粘性減衰係数は，式(2-8)より

$$c=2\sqrt{mk}\equiv c_c \tag{2-10}$$

となる．これを臨界粘性減衰係数 c_c という．

2. 1. 3　減衰のある線形 1 自由度系の強制振動

車両の挙動を考える際，路面入力などの外力を

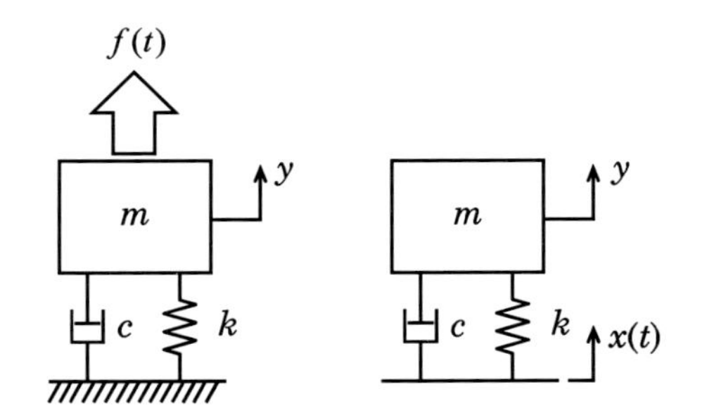

図 2-5　1 自由度系の強制振動モデル

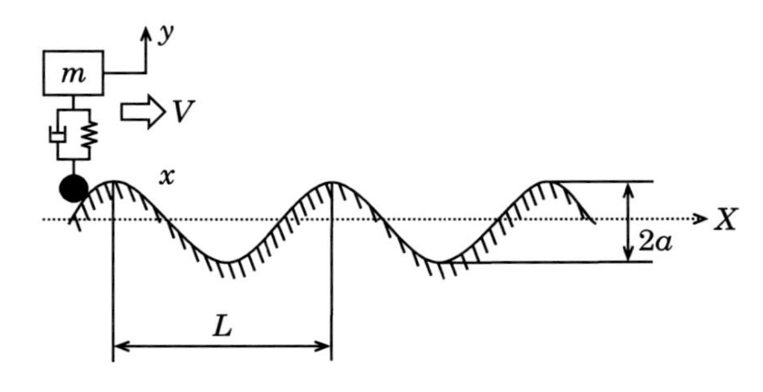

図 2-6　路面入力に対する簡易モデル

無視することはできない．図 2-5 のように，モデルに外力 $f(t)$ や強制変位 $x(t)$ が作用している際の運動方程式は，式(2-11)や式(2-12)となる．

$$
\begin{aligned}
&-m\ddot{y}-c\dot{y}-ky+f(t)=0\\
&\ddot{y}+2\zeta\omega_n\dot{y}+\omega_n^2 y=\frac{1}{m}f(t)
\end{aligned}
\quad (2\text{-}11)
$$

$$
\begin{aligned}
&-m\ddot{y}-c(\dot{y}-\dot{x})-k(y-x)=0\\
&\ddot{\xi}+2\zeta\omega_n\dot{\xi}+\omega_n^2\xi=-\ddot{x}\\
&\quad\text{ただし}\quad \xi\equiv y-x
\end{aligned}
\quad (2\text{-}12)
$$

また，図 2-6 に示す単輪にモデル化した車両が

$$
x=a\sin\left(\frac{2\pi}{L}X+\phi\right) \quad (2\text{-}13)
$$

式(2-13)に示すように正弦波で定義できる路面を速度 V で走行している場合，車輪は常に接地しているとすると，運動方程式は，式(2-12)に式(2-13)を代入して $X=Vt$ を考慮すると，

$$
\begin{aligned}
&-m\ddot{y}-c(\dot{y}-\dot{x})-k(y-x)=0\\
&m\ddot{y}+c\dot{y}+ky=c\dot{x}+kx\\
&\qquad=ca\frac{2\pi V}{L}\cos\left(\frac{2\pi V}{L}t+\phi\right)\\
&\qquad\quad+ka\sin\left(\frac{2\pi V}{L}t+\phi\right)\\
&\ddot{y}+2\zeta\omega_n\dot{y}+\omega_n^2 y=2\zeta\omega_n a\omega\cos(\omega t+\phi)\\
&\qquad\quad+\omega_n^2 a\sin(\omega t+\phi)\\
&\quad\text{ただし}\quad \frac{2\pi V}{L}=\omega
\end{aligned}
\quad (2\text{-}14)
$$

となる．式(2-14)は線形の強制振動の式であり，強制項は路面形状と車速の関係で決まる．ただし，2.1.1 項で述べたように実際には非線形性，時変性，過渡的な応答，接地・非接地などを考慮する必要があるので，車両への入力は非常に複雑なものであることに注意してほしい．

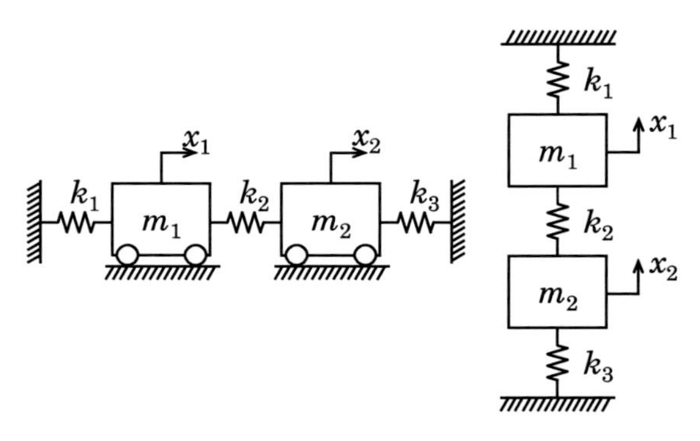

図 2-7　減衰のない多自由度系の自由振動モデル

また，4 輪の入力を考える場合，一般に実路面では左右輪の変位入力の間には相関があること，後輪の変位入力も前輪の変位入力が遅れて加わるので，相関があること，を考慮する必要がある．

2.1.4　多自由度系の振動の記述

図 2-7 に示すように二つの質点がばねで連結されたモデルを考える．このとき，それぞれの質点に対する運動方程式は式(2-15)のようになる．

$$
\begin{aligned}
&m_1\ddot{y}_1+(k_1+k_2)y_1-k_2y_2=0\\
&m_2\ddot{y}_2-k_2y_1+(k_2+k_3)y_2=0
\end{aligned}
\quad (2\text{-}15)
$$

ここで，行列の考えを導入すれば，式(2-15)は式(2-16)のように一つの式にまとめることができる．

$$
M\ddot{Y}+KY=0 \quad (2\text{-}16)
$$

ただし

変位ベクトル：$Y=\begin{Bmatrix}y_1\\y_2\end{Bmatrix}$

質量行列：　$M=\begin{bmatrix}m_1&0\\0&m_2\end{bmatrix}$

剛性行列：　$K=\begin{bmatrix}k_1+k_2&-k_2\\-k_2&k_2+k_3\end{bmatrix}$

とした.

この表現は，減衰項や外力が作用した場合でも同様にまとめることができ，減衰行列，外力ベクトルを導入すると式(2-17)の運動方程式で表すことができる.

$$M\ddot{Y}+C\dot{Y}+KY=F \qquad (2\text{-}17)$$

ただし

減衰行列： $C=\begin{bmatrix} c_1 & 0 \\ 0 & c_2 \end{bmatrix}$

外力ベクトル： $F=\begin{Bmatrix} f_1 \\ f_2 \end{Bmatrix}$

である.

n 次の場合についての運動方程式も，各ベクトルと行列を次のように定義することで式(2-17)で表記できる.

変位ベクトル： $Y=[y_1 \ \ y_2 \ \ \cdots \ \ y_n]^t$

質量行列： $M=\begin{bmatrix} m_1 & & 0 \\ & \ddots & \\ 0 & & m_n \end{bmatrix}$

剛性行列： $K=\begin{bmatrix} k_{11} & \cdots & k_{1n} \\ \vdots & & \vdots \\ k_{n1} & \cdots & k_{nn} \end{bmatrix}$

減衰行列： $C=\begin{bmatrix} c_{11} & \cdots & c_{1n} \\ \vdots & & \vdots \\ c_{n1} & \cdots & c_{nn} \end{bmatrix}$

外力ベクトル： $F=[f_1 \ \ f_2 \ \ \cdots \ \ f_n]^t$

多自由度系の場合は，**図 2-8** に示すように低次の共振に対して高次の共振が逆位相になると振動が打ち消しあう反共振の現象が現れる.

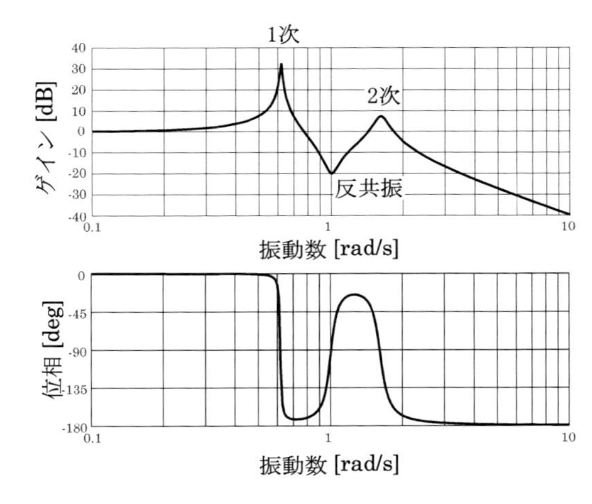

図 2-8　反共振の例

2. 2　運動を再現する

2. 1 節までは車両のモデル化を通して入出力の理論的な解釈を述べてきた．ロードシミュレーションではロードシミュレータ上で車両の運動(出力)を狙い通りに再現させることが目的となる．そのためには入力と出力を結ぶ関係を正確に知る必要がある．しかし，実際の車両では車両全体の詳細なモデル化は困難であり，目的の運動(出力)を狙い通りに再現させるための入力を求める別のアプローチが必要になる．本節では，ロードシミュレータで「既知の運動(出力)を再現させる」という観点から入出力について考える．本節で紹介する理論がロードシミュレータを用いたロードシミュレーション手法の核となる理論である.

2. 2. 1　時間領域と周波数領域における入出力の関係

車両に時間的に変化する外力や変位入力を与えると，それに応じて変位や力を出力する系があるとする．ロードシミュレータにおける入力は，ロードシミュレータの加振変位であり，出力は，サスペンションのストローク，各部加速度，ひずみとすることが多い．また，系の範囲は通常はタイヤやサスペンション一式を含み，必要に応じてその範囲を変更する.

ここで，ある系に対する入力と出力の関係を時間領域で考える．この入力と出力の関係は線形性および時不変性(入力と出力関係が時間によって変化しない)と周波数独立性を持つものとする．入力を $x(t)$，出力を $y(t)$ とすると入力と出力の関係は式(2-18)で表される.

$$y(t)=\int_{-\infty}^{\infty}h(t-\tau)x(\tau)d\tau=h(t)^{*}x(t) \quad (2\text{-}18)$$

ここで $h(t-\tau)$ は単位インパルス応答関数であり，**図 2-9** に示すように時刻 τ に入力された単位インパルスが出力に及ぼす影響を表す関数である．このように時間領域での入力と出力の関係は，**図 2-10** に示すように入力を分割して矩形パルスの連続と考え，それぞれの矩形パルスがつくる応答を順次出力に畳み込む(足し合わす)ことで出力波

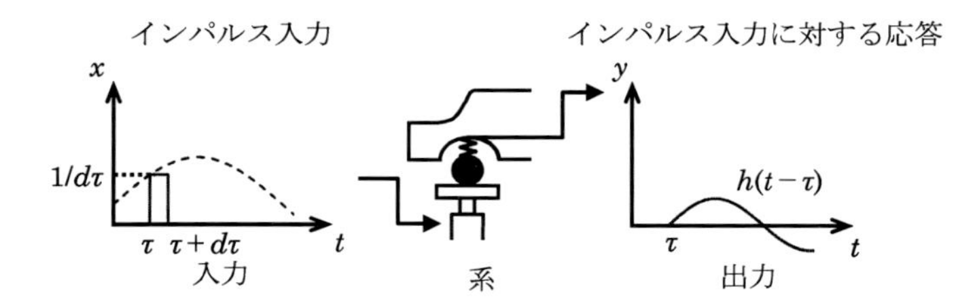

図 2-9　インパルス入力に対する出力

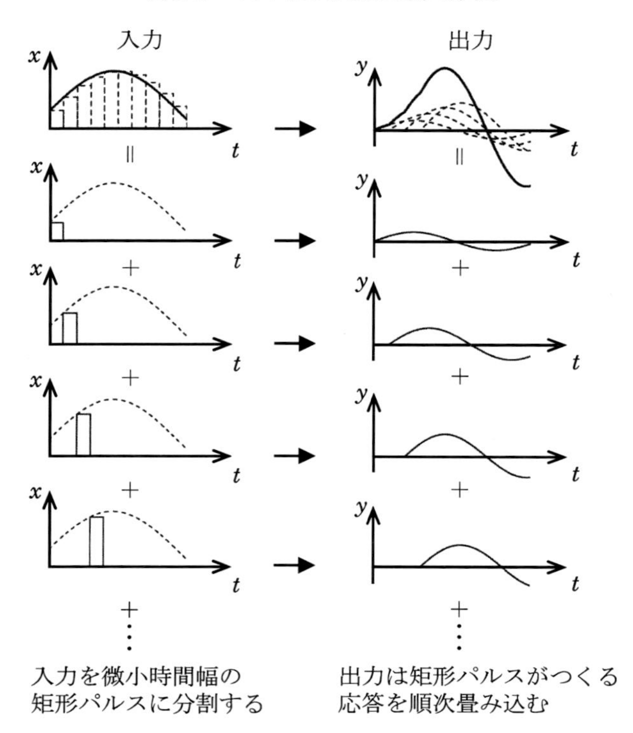

図 2-10　畳み込み積分のイメージ

を作ることができる．これを畳み込み積分という．

この時間領域での入力と出力の関係を周波数領域での入力と出力の関係に変換するため，式(2-18)の両辺をフーリエ変換すると，

$$\int_{-\infty}^{\infty} y(t)e^{-j\omega t}dt=\int_{-\infty}^{\infty}\left\{\int_{-\infty}^{\infty} x(\tau)h(t-\tau)d\tau\right\}e^{-j\omega t}dt$$

$$=\int_{-\infty}^{\infty}\int_{-\infty}^{\infty} x(\tau)h(t-\tau)e^{-j\omega t}dtd\tau$$

$t-\tau=T$とおくと，$t=T+\tau$, $dt=dT$より

$$=\int_{-\infty}^{\infty}\int_{-\infty}^{\infty} x(\tau)h(T)e^{-j\omega T}e^{-j\omega\tau}dTd\tau$$

$$=\int_{-\infty}^{\infty} h(T)e^{-j\omega T}dT\cdot\int_{-\infty}^{\infty} x(\tau)e^{-j\omega\tau}d\tau$$

$$Y(\omega)=H(\omega)\cdot X(\omega) \tag{2-19}$$

を得る．$X(\omega)$と$Y(\omega)$は波形$x(t)$と$y(t)$のそれぞれの周波数スペクトルを表す．$H(\omega)$は周波数応答関数であり，次項にて説明する．

2.2.2　周波数応答関数

前述の周波数応答関数$H(\omega)$は，式(2-19)より式(2-20)で与えられる．

$$H(\omega)=\frac{Y(\omega)}{X(\omega)} \tag{2-20}$$

式(2-20)は周波数領域における入力に対する出力の比を表している．式(2-18)の時間領域では計算に時間と手間を要する畳み込み積分を行う必要があるが，式(2-19)の周波数領域では単純な積だけで入力と出力の関係を表すことが可能となる．また，周波数軸に対する表現であるので波形の周波

数特性を把握しやすいという利点もある．周波数応答関数は 2. 1. 3 項で述べた強制加振に対する運動方程式(2-11)や(2-12)の加振振動数における入出力の比を示している．ただし，モデル化ができることが前提となるので複雑な系を扱う際は入出力波形の測定値から求めることが一般的である．

式(2-20)は入力と出力の両方にノイズが存在しない理想的な状態での周波数応答関数である．しかし実際の測定では入力と出力共にノイズが混入するので，繰り返し測定したデータを平均化することで入力側または出力側のノイズの影響を小さくすることができる．

式(2-20)において $X(\omega)$ と $Y(\omega)$ は共に複素数である．ここで右辺の分母及び分子に入力 $X(\omega)$ の共役複素数 $\overline{X(\omega)}$ を乗じて平均化することで式(2-21)を得る．

$$H_1(\omega)=\frac{\sum\overline{X(\omega)}Y(\omega)}{\sum\overline{X(\omega)}X(\omega)}=\frac{G_{XY}}{G_{XX}} \qquad (2\text{-}21)$$

ここで，分子の G_{XY} は $x(t)$ と $y(t)$ の間の関連を表すクロススペクトル密度関数である．分母の G_{XX} は入力 $x(t)$ のパワースペクトル密度関数である．式(2-21)に示すように分子の出力 $Y(\omega)$ に含まれるノイズは入力と相関がないので平均化することで取り除かれる．このように入出力のクロススペクトルを入力のパワースペクトルで除することで，出力に含まれるノイズを統計的処理で取り除いて周波数応答関数を算出することができる．式(2-21)のように周波数応答関数を算出する方法を H_1 推定といい，出力のノイズ低減効果がある．H_1 推定は入力にノイズがある場合はその分が分母に加わるので真の周波数応答関数より小さめの値となる．

一方，入力にノイズがある場合は，式(2-20)において右辺の分母及び分子に出力 $Y(\omega)$ の共役複素数 $\overline{Y(\omega)}$ を乗じて平均化することで式(2-22)を得る．

$$H_2(\omega)=\frac{\sum\overline{Y(\omega)}Y(\omega)}{\sum\overline{Y(\omega)}X(\omega)}=\frac{G_{YY}}{G_{YX}} \qquad (2\text{-}22)$$

ここで，分母の入力 $X(\omega)$ に含まれるノイズは出力と相関がないことより平均化することで取り除かれる．このように出力のパワースペクトルを入出力のクロススペクトルで除することで，入力に含まれるノイズを統計的処理で取り除いた周波数応答関数を算出することができる．式(2-22)のように周波数応答関数を算出する方法を H_2 推定といい，入力のノイズ低減効果がある．H_2 推定は出力にノイズがある場合はその分が分子に加わるので真の周波数応答関数より大きめの値となる．

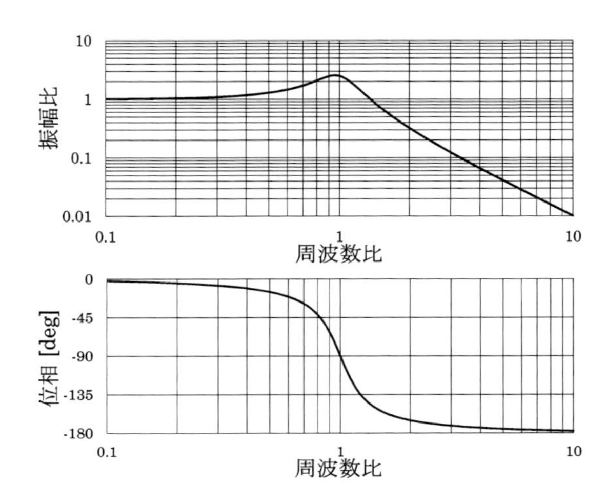

図 2-11　ボード線図

このように周波数応答関数の統計的推定方法には出力にのみノイズが混入すると仮定した H_1 推定と，入力にのみノイズが混入すると仮定した H_2 推定とがある．一般的には出力には計測器のノイズや構造物と加振機の相互作用などの誤差が含まれやすいことから，出力にのみ誤差が混入すると仮定する H_1 推定が用いられる．

この周波数応答関数 $H(\omega)$ は，周波数 ω に対する複素関数であり，振幅と位相の情報を持つ．この周波数，振幅(大きさ)，位相という三つの関係は**図 2-11** に示すボード線図で表される．周波数を共通の横軸とし，縦軸を大きさと位相の二つの図で示す[(1)(5)]．

2. 2. 3　逆周波数応答関数

ロードシミュレータでは，式(2-23)に示すようにこれまでに求めた周波数応答関数の逆関数を算出し，目標とする出力波形を再現する加振機への入力波形(加振信号)の周波数スペクトル $X(\omega)$ を決定する．

$$X(\omega)=H^{-1}(\omega)\cdot Y(\omega) \qquad (2\text{-}23)$$

以下に**図 2-12** に示す実務における処理手順の概略を説明する．

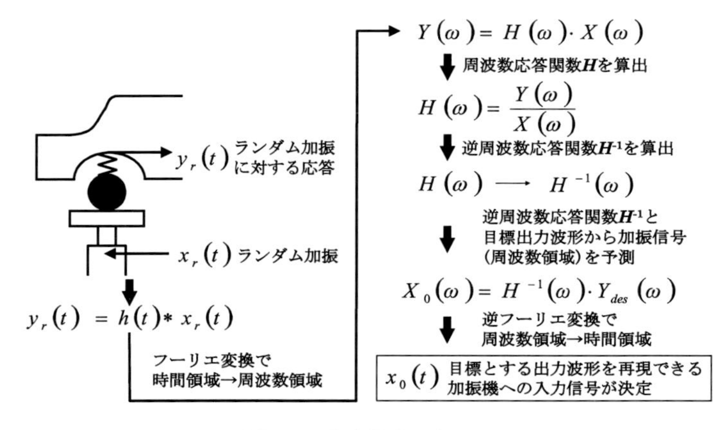

図 2-12　入力信号同定フロー

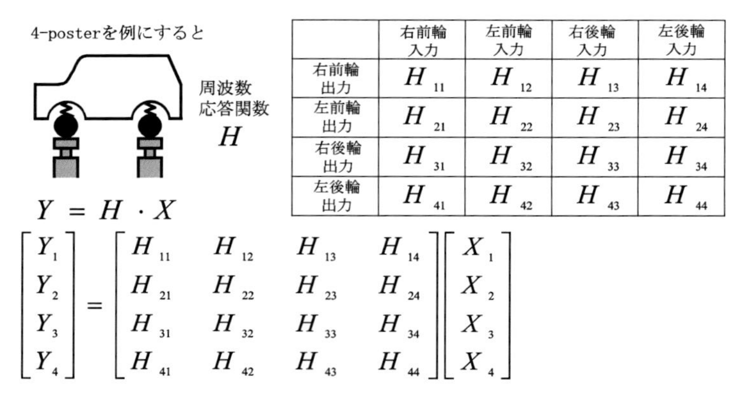

	右前輪入力	左前輪入力	右後輪入力	左後輪入力
右前輪出力	H_{11}	H_{12}	H_{13}	H_{14}
左前輪出力	H_{21}	H_{22}	H_{23}	H_{24}
右後輪出力	H_{31}	H_{32}	H_{33}	H_{34}
左後輪出力	H_{41}	H_{42}	H_{43}	H_{44}

$$Y = H \cdot X$$

$$\begin{bmatrix} Y_1 \\ Y_2 \\ Y_3 \\ Y_4 \end{bmatrix} = \begin{bmatrix} H_{11} & H_{12} & H_{13} & H_{14} \\ H_{21} & H_{22} & H_{23} & H_{24} \\ H_{31} & H_{32} & H_{33} & H_{34} \\ H_{41} & H_{42} & H_{43} & H_{44} \end{bmatrix} \begin{bmatrix} X_1 \\ X_2 \\ X_3 \\ X_4 \end{bmatrix}$$

図 2-13　4-poster を例にした入出力と周波数応答関数の関係

(1) 入力と応答の関係を知るため，系に対しランダム加振 $x_r(t)$ を与える．
(2) そのときの応答波形 $y_r(t)$ を計測する．
(3) 得られた入力と出力をフーリエ変換し，時間領域から周波数領域へ変換することで周波数応答関数 $H(\omega)$ を算出する．ここで H_1 推定または H_2 推定を適用する．
(4) 算出した周波数応答関数 $H(\omega)$ の逆関数 $H^{-1}(\omega)$ を求める．
(5) 実走行試験等で，ある入力に対する車両の応答波形 $y_{des}(t)$ を計測し，それをフーリエ変換して $Y_{des}(\omega)$ を求める．
(6) 式(2-23)に従って先に求めた逆関数 $H^{-1}(\omega)$ を用いて目標とする応答波形 $Y(\omega)$ を実現する入力波形 $X_0(\omega)$ を予測する．
(7) $X_0(\omega)$ を逆フーリエ変換することで周波数領域から時間領域へ戻し，加振機への入力信号 $x_0(t)$ を決定する．

ここまでは 1 入力 1 出力として扱ったが，ロードシミュレータでは入力波形及び出力波形(目標波形)は複数であるので，逆周波数応答関数を算出するには行列計算を行う必要がある．つまり逆周波数応答関数行列は周波数応答関数行列の逆行列となる．ここで**図 2-13** に周波数応答関数行列の例として 4 軸加振機(1 輪あたり上下方向の 1 軸加振機)を示す．この連立方程式を解いて入力を同定することができるが，より精度よく安定した結果を得るためには入力数以上の出力数の情報があると有効である．

まず，入力数と出力数が等しい 2 入力 2 出力系を例として取り上げ，逆周波数応答関数の計算例を説明する．2 入力 2 出力系では周波数応答関数は式(2-24)で表される．

$$H(\omega) = \begin{bmatrix} H_{11} & H_{12} \\ H_{21} & H_{22} \end{bmatrix} \qquad (2\text{-}24)$$

また逆周波数応答関数は逆行列の定義式より式(2-25)で表される．

$$H^{-1}(\omega)=\frac{1}{|H|}\begin{bmatrix} H_{22} & -H_{12} \\ -H_{21} & H_{11} \end{bmatrix} \tag{2-25}$$

ただし，

$$|H|=\begin{vmatrix} H_{11} & H_{12} \\ H_{21} & H_{22} \end{vmatrix}=H_{11}H_{22}-H_{12}H_{21} \tag{2-26}$$

である．2 入力 2 出力系の入出力の関係は式(2-27)で表される．

$$\begin{bmatrix} Y_1 \\ Y_2 \end{bmatrix}=\begin{bmatrix} H_{11} & H_{12} \\ H_{21} & H_{22} \end{bmatrix}\begin{bmatrix} X_1 \\ X_2 \end{bmatrix} \tag{2-27}$$

ここで出力に独立性がなく，$Y_1=nY_2$で，$X_1\neq X_2\neq 0$ の場合に式(2-27)を計算すると，

$$\begin{aligned} &Y_1=H_{11}X_1+H_{12}X_2=n(H_{21}X_1+H_{22}X_2) \\ &(H_{11}-nH_{21})X_1=(nH_{22}-H_{12})X_2 \\ &H_{11}=nH_{21} \quad nH_{22}=H_{12} \quad \because \mathrm{X}_1\neq \mathrm{X}_2\neq 0 \end{aligned} \tag{2-28}$$

の関係が得られる．この関係を式(2-26)に代入すると$|H|=0$となり，逆周波数応答関数$H^{-1}(\omega)$を求めることができないことがわかる．このように逆周波数応答関数を求めるためには出力の独立性に注意する必要がある．

2.2.4　コヒーレンス関数

得られた周波数応答関数の妥当性を検証する方法の一つにコヒーレンス関数(関連度関数)による検証がある．コヒーレンス関数は式(2-29)で定義され，入力と出力のタイムヒストリデータの線形関連度を周波数毎に表し，周波数応答関数の妥当性を直接表現する重要な関数である．また，式(2-29)に示すようにコヒーレンス関数は H_1と H_2の比でもある．

$$\gamma_{xy}^2=\frac{|G_{XY}|^2}{G_{XX}G_{YY}}=\frac{G_{XY}\overline{G_{XY}}}{G_{XX}G_{YY}}=\frac{G_{XY}G_{YX}}{G_{XX}G_{YY}}=\frac{H_1}{H_2} \tag{2-29}$$

コヒーレンス関数は必ず 0〜1 の間の値を持ち，入力と出力が線形関係にあり，かつ，入力と出力にノイズの混入がなければコヒーレンス関数は 1 となり，入力が出力と完全に無相関であれば 0 となる．したがってコヒーレンス関数がどの程度 1 より小さい値を持つかによって供試品の非線形性や各種誤差の混入，注目する入力以外の入力などの影響があることを知ることができる．

2.2.5　イタレーションおよび収束計算

2.2.3 項で示したように，算出した逆周波数応答関数$H^{-1}(\omega)$を用いて，狙いとする出力波形(目標波形)を再現するための入力波形を推定する．これまでは入力と出力の関係は線形性及び時不変性を持つことを前提として説明をしてきた．しかし，実際の車両ではボデーと路面の間にダンパ，ゴムなどが存在すること，および部品間の接触(バウンドストッパーの接触など)といった非線形要素が存在するので，線形性を仮定していると実際とは異なる極端に大きな入力波形を作製してしまう可能性がある．そこで反復法等を用いたイタレーション(収束計算)を実施し，徐々に目標とする出力波形 $y_{des}(t)$ をより精度よく再現する入力波形 $x(t)$ を求めていく．以下にイタレーションの流れを説明する．**図 2-14** にイタレーションのイメージ，**図 2-15** に概略を示す[6]．

(1)　目標波形 $y_{des}(t)$ のフーリエ変換 $Y_{des}(\omega)$ と逆周波数応答関数$H^{-1}(\omega)$から入力波形 $X(\omega)$ を算出し，逆フーリエ変換して加振機への入力波形 $x(t)$ を求める．

(2)　$x(t)$ に補正係数 $\alpha(0<\alpha<1)$ を乗じ，

$$x_0(t)=\alpha\, x(t) \tag{2-30}$$

とする．この入力波形 $x_0(t)$ で加振し，出力波形 $y_0(t)$ を計測する．

(3)　得られた出力波形 $y_0(t)$ と目標波形 $y_{des}(t)$ の差を誤差 $e_0(t)$ とし，式(2-31)で表す．

$$e_0(t)=y_{des}(t)-y_0(t) \tag{2-31}$$

(4)　誤差 $e_0(t)$ をフーリエ変換して $E_0(\omega)$ を算出する．この誤差 $E_0(\omega)$ と逆周波数応答関数 $H^{-1}(\omega)$から誤差分の入力波形 $\varDelta X_0(\omega)$ を式(2-32)のように算出する．

$$\varDelta X_0(\omega)=H^{-1}(\omega)\cdot \mathrm{E}_0(\omega) \tag{2-32}$$

さらに $\varDelta X_0(\omega)$ を逆フーリエ変換し，時間領域の $\varDelta x_0(t)$ を算出する．

(5)　$\varDelta X_0(\omega)$ および $\varDelta x_0(t)$ は「誤差分を補正するための入力波形」と考えられるので，元の入

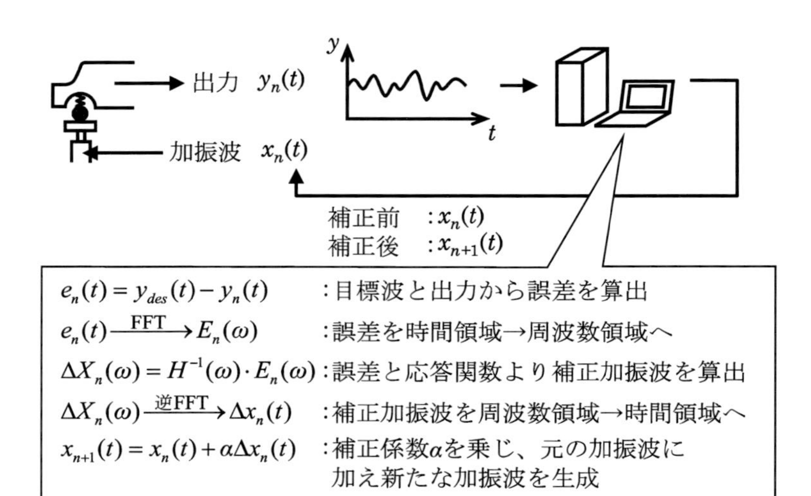

図 2-14 イタレーションのイメージ

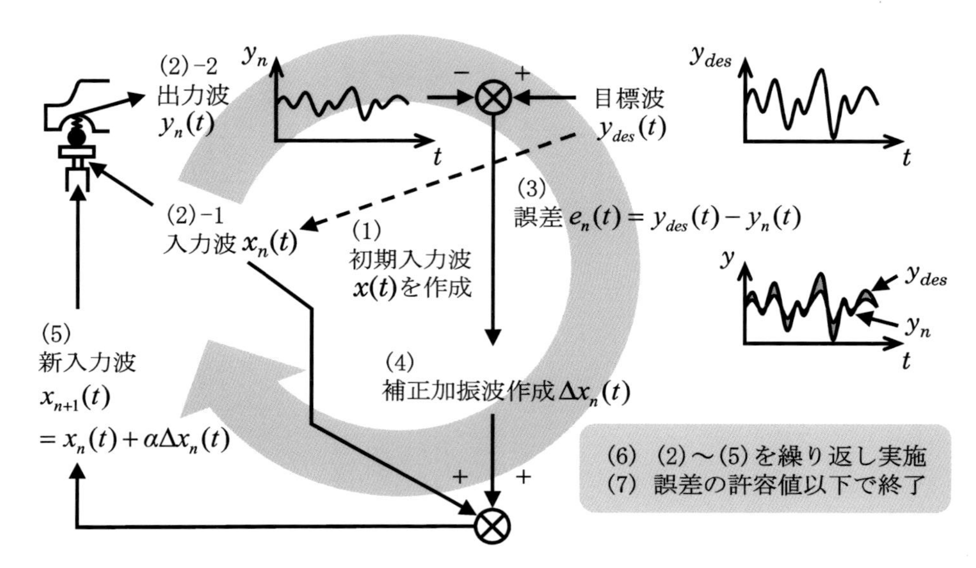

図 2-15 イタレーションの計算フロー

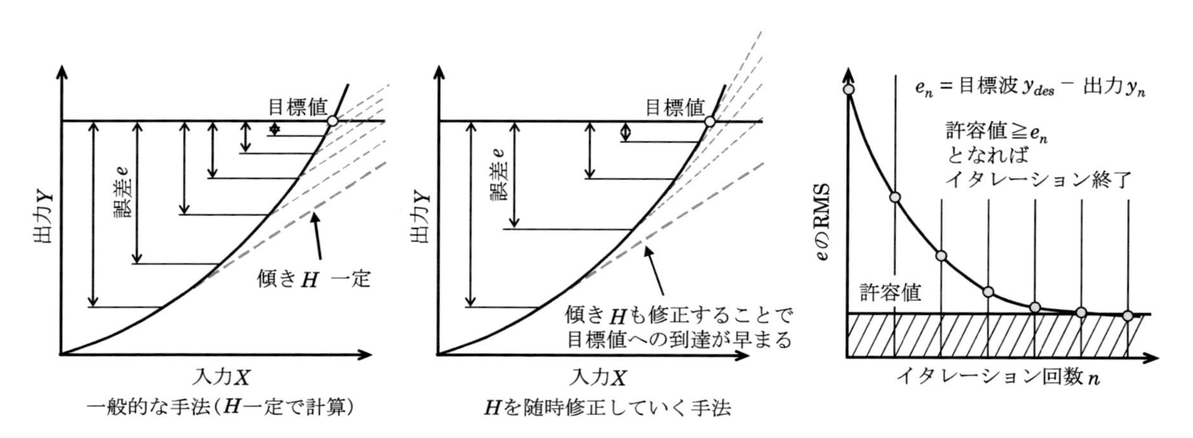

図 2-16 周波数応答関数補正のイタレーションイメージ

力波形 $x_0(t)$ に補正係数 α を乗じて式(2-33)に示すように加え，誤差分を修正した新たな入力波形 $x_1(t)$ を得る．

$$x_1(t)= x_0(t)+\alpha\Delta x_0(t) \tag{2-33}$$

(6) さらに(2)～(5)の処理を繰り返して，$x_2(t)$，$x_3(t)$，…と順に補正していくことで，$x_{des}(t)$ に近づけていく．

(7) イタレーションは必要に応じて設定した誤差の許容値を満足することで終了する．

さらに近年は，図 2-16 のイメージのように入力信号の補正のみではなく逆周波数応答関数も補正し，より高精度な補正が可能なイタレーション手法も採用されている．

2.3 再現性を疲労信頼性の観点で考える

ロードシミュレータを用いて疲労耐久性評価を実施するためには，ロードシミュレータでの再現加振結果が，狙いとしている目的路面での応答を再現しているかの検証が必要となる．その検証方法の一例として，マイナー則(累積疲労損傷則)を用いた供試体への疲労損傷を比較する方法を示す．その一般的方法は，手順①：路面入力に対して供試体に発生するひずみ波形の計測，手順②：実働波応力の頻度計算，手順③：マイナー則(累積疲労損傷則)の適用，の流れで進める．

手順① 路面入力に対して供試体に発生するひずみ波形の計測

ひずみゲージとデーターロガーを用い，目的路面での実際の応答およびロードシミュレータ上で再現した応答を計測する方法が一般的である．

手順② 実働波応力の頻度計算

手順①で測定した目的路面およびロードシミュレータでの実働波応答のタイムヒストリデータから頻度をカウントする．この頻度をカウントする手法としてレインフロー法，レンジペアカウント法，レベルクロッシング法，ピークカウント法，Max-Min 法などがある．その中で代表的なレインフロー法について説明する．

〈レインフロー法〉

レインフロー法は雨だれ法とも呼ばれ，屋根を流れる雨水にたとえて説明することが多い．この手法は電算処理を容易にするためにレンジペアカウント法を変更したものである．以下に示す条件をもとにカウントを行う．図 2-17 に説明に用いる波形を示すが，雨だれの流れを用いた説明をイメージしやすくするために，下向きに時間軸，横軸にひずみまたは応力をとる．

(1) 雨だれは各極小(大)点から流れ出す．ただし，一つの雨だれが流れている間は，次の雨だれは流れ出さないものとする．

(2) 極小(大)点より流れ出した雨だれは屋根先に来たとき，次の極小(大)点が，自分の流れ出した時の極小(大)点より小さい(大きい)値のと

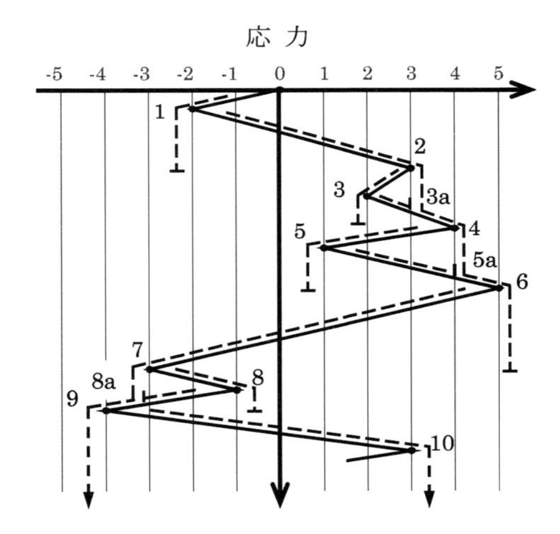

図 2-17 応力頻度計数法のイメージ(レインフロー法)

表 2-1 頻度計数結果

流れ	応力×サイクル
0→1	2×0.5
1→6	7×0.5
2→3	1×0.5
3→3a	1×0.5
4→5	3×0.5
5→5a	3×0.5
6→9	9×0.5
7→8	2×0.5
8→8a	2×0.5
9→10	7×0.5

応力	サイクル数
1	1
2	1.5
3	1
4	0
5	0
6	0
7	1
8	0
9	0.5
10	0

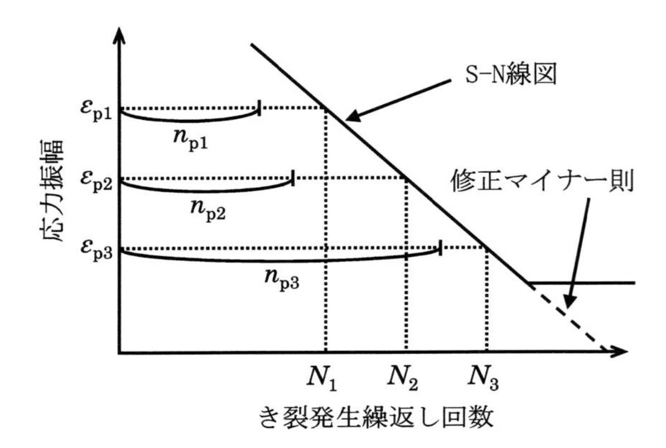

図 2-18　マイナー則(累積疲労損傷則)および修正マイナー則の概略

きに停止する.(**図 2-17** の 1 → 6 の流れは,次の極小点 7 が自分が流れ出した極小点 1 よりも小さい値であるので極大点 6 で停止する.)

(3) 先に雨だれが流れている部分に達した場合は,今見ている流れはその点にて停止する.(**図 2-17** の極小点 3 からの流れは 1 → 6 の流れがあるので 3_aで停止し,極小点 5 からの流れは 5_aで停止する.極大点 8 からの流れは 6 → 9 の流れがあるので 8_aで停止する.)

(4) 頻度計数は**表 2-1** のようになる.

手順③　マイナー則(累積疲労損傷則)の適用

実働波応力に対する疲労損傷を把握する方法の一つとして,マイナー則(累積疲労損傷則)がある.目的路面とロードシミュレータでの累積疲労損傷値をそれぞれ算出し,比較することでロードシミュレータの再現精度検証を行う.**図 2-18** にマイナー則の概略を示す.目的路面でのランダム応答振幅の繰り返し負荷回数を n_{p1}, n_{p2}, n_{p3}, …, n_{pj}, 再現を目指したロードシミュレータでのランダム応答振幅の繰り返し回数を n_{r1}, n_{r2}, n_{r3}, …, n_{rj}, とすると,同一 S-N 線における累積疲労損傷値は,目的路面を D_p, ロードシミュレータ上を D_rとすると,

$$D_p=\sum_j \frac{n_{pj}}{N_j} \tag{2-34}$$

$$D_r=\sum_j \frac{n_{rj}}{N_j} \tag{2-35}$$

となる.ロードシミュレータでの累積疲労損傷値 D_rが D_pに近いほど一般的にその測定部位については再現精度が高いと考える.ただし再現波形や供試体の挙動に異常がないことが前提となることに注意が必要である.また,ロードシミュレータのように変動振幅に対する検討には疲労限度以下の応力も損傷に寄与すると考え,図 2-18 に示すように S-N 線図の傾きを疲労限度以下に延長する修正マイナー則を使用する場合が一般的である.

2.4　補足:フーリエ変換(時間領域から周波数領域への変換)

ここで,2.2.1 項で示したフーリエ変換を用いた方法について説明する.フーリエ級数の考え方より,周期的な信号はどのような複雑な波形についても単純な三角関数(cos と sin)の足し合わせで表現することができる.**図 2-19** にその概念を示す.また,その関係を式(2-36)に示す.

$$f(t)=\frac{a_0}{2}+\sum_{n=1}^{\infty}(a_n \cos n\omega t+b_n \sin n\omega t) \tag{2-36}$$

ここで,係数 a_nと b_nは式(2-37)と(2-38)で与えられる.

$$a_n=\frac{2}{\mathrm{T}}\int_{-T/2}^{T/2} f(t)\cos n\omega t\, dt \qquad n=0, 1, 2, 3, \cdots \tag{2-37}$$

$$b_n=\frac{2}{\mathrm{T}}\int_{-T/2}^{T/2} f(t)\sin n\omega t\, dt \qquad n=1, 2, 3, \cdots \tag{2-38}$$

図 2-19 に示すように,フーリエ級数の式(2-36)において係数 a_n と b_nは「複雑な時間領域の波形の中にそれぞれの周波数の cos 波と sin 波がどれだけの大きさ(振幅)で含まれているか表している」ことがわかる.

さらに,式(2-36)~(2-38)は,オイラーの公式

$$e^{ix}=\cos x+i\sin x$$

$$\cos\theta=\frac{e^{i\theta}+e^{-i\theta}}{2}=\frac{e^{in\omega t}+e^{-in\omega t}}{2} \qquad \sin\theta=\frac{e^{i\theta}-e^{-i\theta}}{2i}=\frac{e^{in\omega t}-e^{-in\omega t}}{2i} \tag{2-39}$$

を用いて複素指数関数の和にまとめ,式(2-40)と(2-41)で表すことができる.

$$C_n=\frac{1}{T}\int_{-T/2}^{T/2} f(t)e^{-in\omega t}\, dt \qquad n=\cdots, -2, -1, 0, 1, 2, 3, \cdots \tag{2-40}$$

$$f(t)=\sum_{n=-\infty}^{\infty} C_n e^{in\omega t} \tag{2-41}$$

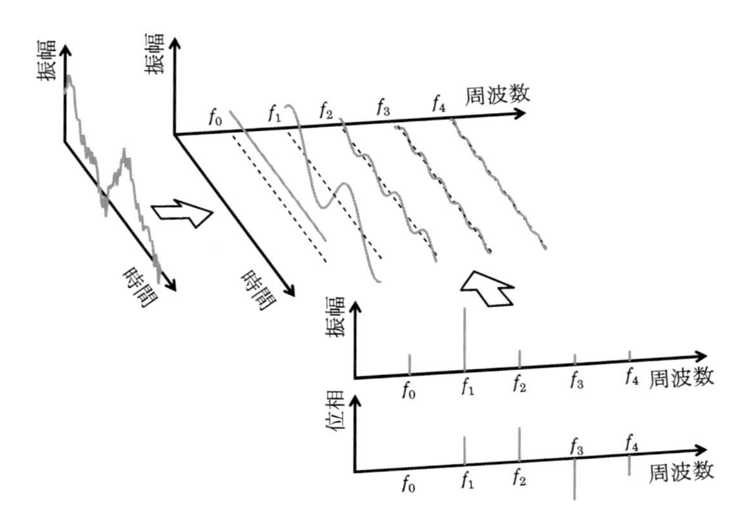

図 2-19 フーリエ変換の概念図

複素指数関数で表現することで係数 a_n と b_nを複素係数 C_nにまとめることができ，表現が簡略化される．

ここまでは周期性のある波形について述べてきたが，さらに周期 $T \to \infty$とすると，任意の波形も無限周期の周期的な波形と考えることができ，周期的でない複雑な波形も理論上は「単純な三角関数の足し合わせで表す」ことができる．式(2-40)と(2-41)において周期 $T \to \infty$とすると式(2-42)と(2-43)を得る．実際に取り扱う波形は周期性のないことがほとんどである．

$$G(\omega)=\int_{-\infty}^{\infty} f(t)e^{-i\omega t}\,dt \qquad (2\text{-}42)$$

$$f(t)=\frac{1}{2\pi}\int_{-\infty}^{\infty} G(\omega)e^{i\omega t}\,d\omega \qquad (2\text{-}43)$$

この式(2-42)は周期性のない時間領域の波形についてその周波数スペクトルを求める式であり，「右辺の時間領域から左辺の周波数領域に変換する」フーリエ変換という．また式(2-43)はその逆で「右辺の周波数領域から左辺の時間領域に戻す」逆フーリエ変換という．この式(2-42)を用いて正弦波の和に分解したスペクトル成分を求めることができ，式(2-43)を用いてスペクトル成分をタイムヒストリ波形に再構成することができる．ただし，フーリエ変換の式(2-42)が有限な値を持つためには，

$$\int_{-\infty}^{\infty} |f(t)|\,dt < \infty \qquad (2\text{-}44)$$

の条件を満たす必要がある．この条件は厳しすぎる．たとえばステップ関数やランプ関数はその条件を満たさない．そのため，減衰指数関数 $e^{-\sigma t}$を掛けて時間軸の正側を減衰させ，実際の現象は $0 \to \infty$と考えて無限大に発散する負の領域 $t<0$を適用領域から除いて，

$$\begin{aligned} F(s)&=\int_{0}^{\infty} f(t)e^{-\sigma t}e^{-i\omega t}dt \\ &=\int_{0}^{\infty} f(t)e^{-st}dt \quad (s=\sigma+i\omega) \end{aligned} \qquad (2\text{-}45)$$

とすることが考えられる．これがラプラス変換である．なお式(2-45)より $\sigma=0$，すなわち $s=i\omega$ とすることで，ラプラス変換で定められる伝達関数に対して周波数応答関数を求めることができる．ただし，これは現象が実数であり時間の正側のみ考えた片側スペクトルに対応することに注意する．

参　考　文　献

（1）長松昭男　“モード解析入門”　コロナ社　1993
（2）下郷太郎　他　“振動学”　コロナ社　2002
（3）吉川孝雄　他　“機械の力学”　コロナ社　1987
（4）北郷薫　他　“振動学”　森北出版　1974
（5）飯坂久　“RPC Basic Theory Summary rev.6”　2013
（6）中丸敏明　“ロードシミュレーションの基礎理論”　自動車の疲労信頼性設計，評価技術セミナー　No.9306　p.28-39　1993
（7）社団法人 日本材料学会　“改訂 材料強度学”　2005
（8）日本機械学会　編　“機械システムのダイナミックス入門”　丸善　1999

第3章　ロードシミュレータによる実働波の再現技術

本章では，ロードシミュレータによって実働波を精度よく再現させる技術について，**図 3-1** に示す実際のロードシミュレーションプロセスに沿って説明する．Step1 実走行応答データの収集，Step2 実走行応答データ取り込みと目標波形編集，Step3 FRF の測定，解析，Step4 イタレーション，Step5 台上耐久試験である．中でも特に重要となるポイントは，Step1 の入力測定と Step3 の周波数応答関数（FRF）の測定と解析である．シミュレーションのスタートとなる Step1 の入力測定が正確に実施できていなければ，後工程である Step2 以降は順調に進まない．また，良好な加振試験を行い，精度を向上させるためには，Step3 の加振機の特性や入力に対する供試体の応答を正確に把握することが近道である．なお，本章では**図 1-5** に示す 4 輪ロードシミュレータ（4-poster）および**図 1-6** に示す 6 自由度多軸シミュレータ（6DOF）によるフローティング試験を前提に説明する．

3.1　実走行応答データの収集

ロードシミュレータを用いて車両の走行状態の挙動を再現するためには，一般的に**図 3-1** に示す五つのステップを実施することになるが，入力測定はその入り口である．入力測定においてシミュレーションの目標波形となる路面情報を正確に捉えることは，試験全体の成否を担う重要なポイントとなる．ここでの不確実な作業は後工程での無駄な作業を生むばかりか，実現象とかけ離れた過大な加振を導く可能性があり注意が必要である．

入力測定を実施するにあたっては，以下で説明する流れに沿って試験を計画し，準備を進めていくことになる．まず何を評価するか（評価対象は何か）を検討する．評価対象が決まればそれに応じてどのロードシミュレータを使用するかが決まる．**表 1-2** に主な評価対象と使用するロードシ

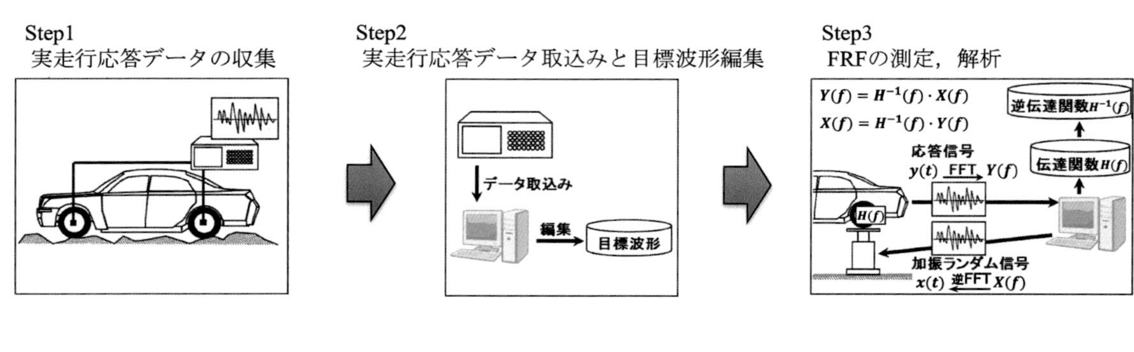

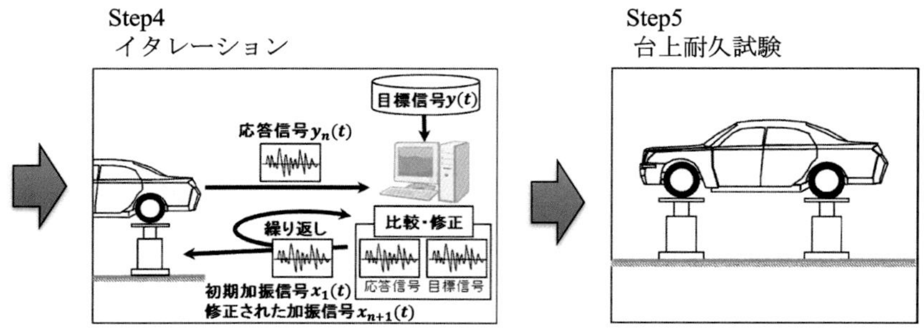

図 3-1　ロードシミュレーションプロセス

ミュレータの種類を示す．次にどんな路面を再現するかを考え，評価対象の挙動がどのようなものになるかを推定する．挙動が推定できれば，その挙動を捉えるための物理量が決まる．物理量が決まれば，その物理量を計測するために適したトランスデューサを選定し，シミュレーションに適した測定位置を決定できる．最後に，再現したい現象をきちんと捉えることができるように計測条件を決定して測定する．3. 1. 1 項以降では，上記の流れに沿って技術的に考慮すべきポイントについて具体的に説明していく．

3. 1. 1　耐久路面走行時の車両挙動の推定

ロードシミュレータで実走行を再現するにあたり，走行する路面とその時の挙動を考える必要がある．ここでは**図 3-2** に示す主な悪路の種類を紹介し，次に，路面からの入力を受けた時の車両挙動について説明する．

まず，ロードシミュレータにはストローク，速度，加速度などの性能上の制約があるので，正確な実走行データが取得できたとしても，性能を超える加振はできないことを理解しておく必要がある．また，一般的な慣性負荷による試験を考える場合，入力を再現する際に得意な路面，不得意な路面があることも理解しておく必要がある．

得意な路面の例としては，**図 3-2** の石畳路のような主な入力が線形領域である路面が挙げられる．これに対して不得意な路面の例としては，ポットホールのような入力が線形領域から急激に非線形領域となる路面や，低周波うねり路のような入力が低周波領域となる路面が挙げられる．たとえば，**図 1-5** に示すタイヤカップルである 4-poster や**図 1-6** に示すスピンドルカップルである 6DOF による慣性負荷試験では，加振機性能の制約や供試体の拘束条件の制約により，大ストロークが必要となる低周波の再現や，極端な非線形挙動の再現には限界がある．

次に，悪路走行時の車両挙動を考える．車両全体の挙動としては，**図 3-3** に示すバウンス，ロール，ピッチ，ツイストなどの挙動が組み合わさっているが，1 輪だけに注目すると，**図 3-4** に示すように前後軸(X)，左右軸(Y)，上下軸(Z)それぞれの並進および回転方向の変位，加速度，荷重，回転角，角加速度，モーメントに分解できる．この 1 輪入力の組合せによって車両全体の挙動が表現できる．そこで，ある 1 輪において悪路走行時の入力がどのようにサスペンションやボデーに伝わるか，**図 3-5** を用いてその代表例を説明する．**図 3-5** は，サスペンション形式がストラットの車両の前輪周辺を示す．

悪路走行時の Z 方向の入力は，ばね上やばね下

石畳路（JARI）

ポットホール(市場路面)
左：未舗装路　右：舗装路

砂利路（市場路面）

波状路（市場路面）

図 3-2　悪路路面の一例

の上下加速度として捉えることが可能であり，ばね自体の変形を車体との相対変位の代用として捉えることが可能である．また，X および Y 方向の入力は主にサスペンションアームからサブフレームを介してボデーに伝わっていくが，その荷重を計測するために有効な部位がサスペンションアームとナックルを繋ぐボールジョイントである．このボールジョイントの X および Y 方向の入力に対するひずみを捉えることで荷重の把握が

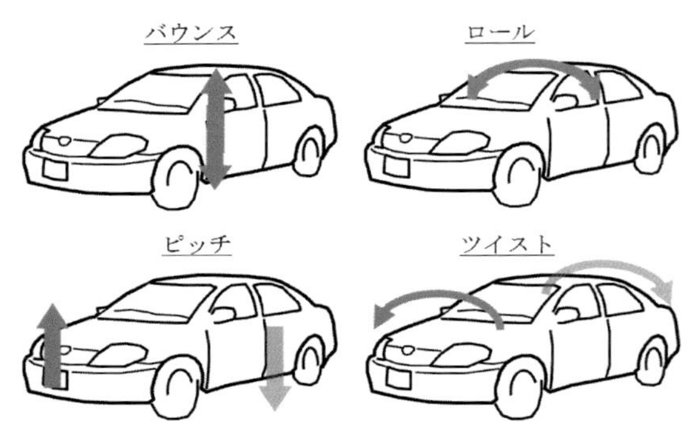

図 3-3　車両挙動 4 成分

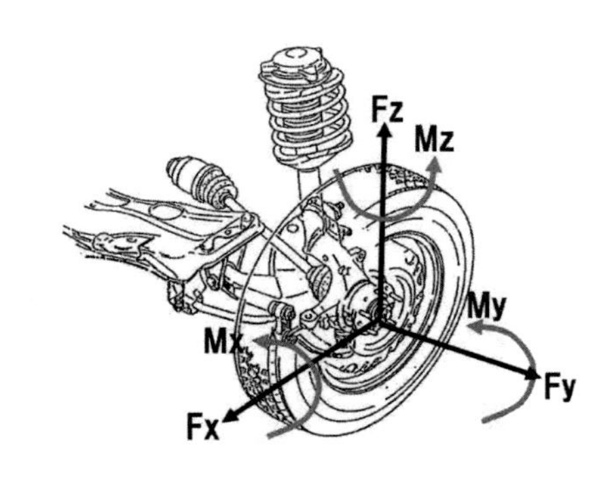

図 3-4　1 輪における並進・回転方向への分解

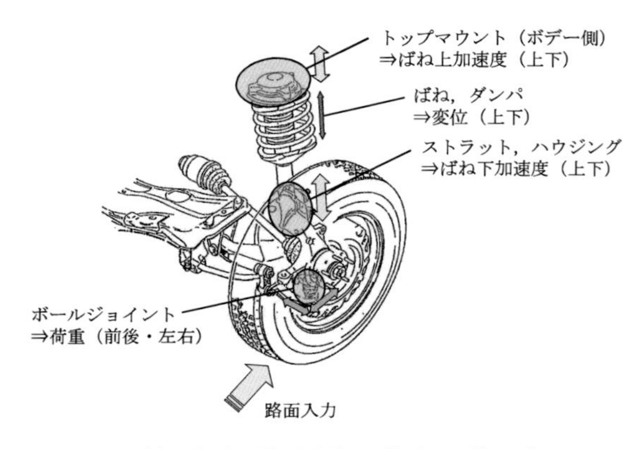

図 3-5　1 輪における路面入力のボデー・サスペンションへの伝達

可能となる．このように，路面入力に対する車両挙動は，各輪それぞれで X, Y, Z 軸の並進および回転方向の変位，加速度，荷重といった物理量に分解して捉えることができる．言い換えれば，これらの物理量を組み合わせることで，車両全体の挙動を捉えることが可能となる．このように，試験目的やロードシミュレータの特性を考慮し，走行時の挙動をロードシミュレータで再現するときに，ボデーとサスペンションのどの部位のどのような物理量を捉えるべきかを十分に考えることが重要である．

3.1.2　トランスデューサの種類と特徴

評価したい部位の挙動を捉えるための物理量が決まれば，その物理量を計測するために適したトランスデューサを決定する必要がある．最も代表的なトランスデューサは，ひずみゲージと加速度計であるが，**図 3-6** に示すタイヤが路面から受ける外力を直交 3 分力とそれぞれのモーメントに分解して検出可能な車軸 6 分力計も広く用いられるようになってきている．その他にも荷重計や変位計等, 様々なトランスデューサが用いられている．

各々のトランスデューサの特徴を把握し，それらの中から目的に適したものを選定することが，正しく挙動を捉えるためには重要である．**表 3-1** と**図 3-7** に代表的なトランスデューサの特徴と適用例を示す．

ひずみゲージは，ひずみを捉えることで荷重，変位, 応力を計測することができ, シミュレーショ

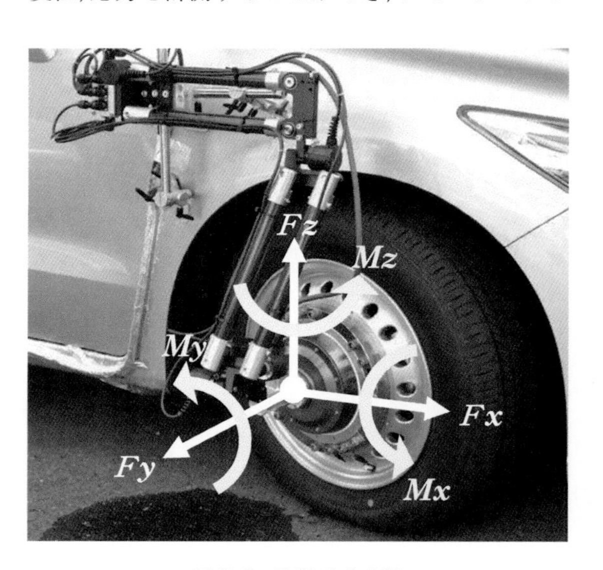

図 3-6　車軸 6 分力計

表 3-1　代表的なトランスデューサの特徴と適用例

代表的な トランスデューサ	主な特徴と適用例
ひずみゲージ	【入力および挙動の再現】 サスペンション部品の入力 ⇒ロードセルの代用 コイルスプリング変位 ⇒変位センサの代用 【注目部位の応力再現】 サスペンション ボデー 注目コンポーネント
加速度計	【挙動の再現】 ばね上 ばね下 サスペンション 注目コンポーネント
車軸6分力計	【入力の再現】 ホイール入力 サスペンション入力への変換
ロードセル	【入力の再現】 サスペンション部品への組込み
変位計	【挙動の再現】 サスペンション フレーム - ボデー間

変位計の代用例
（コイルスプリングへゲージを貼付）

ロードセルの代用例
（ボールジョイントへゲージを貼付）

図 3-7　トランスデューサの適用例

ンにおける入力や挙動の再現や，耐久試験における注目部位の応力再現に有効である．

加速度計は，一般にばね上，ばね下に取付けて加速度を計測し，挙動の再現に有効である．

車軸 6 分力計は，ホイールへの入力を直接計測して入力の再現に用いることができる．またサスペンション形式によってはサスペンション入力へ変換することも可能である．

ここに示す例以外にも各社独自のノウハウによって種々のトランスデューサが用いられているが，捉えたい物理量が何であるかを明確にしておくことが大切である．

3. 1. 3　トランスデューサの選定および計測位置の決定

本項で検討すべきことは，3. 1. 1 項と 3. 1. 2 項で述べた車両の挙動やトランスデューサの種類と

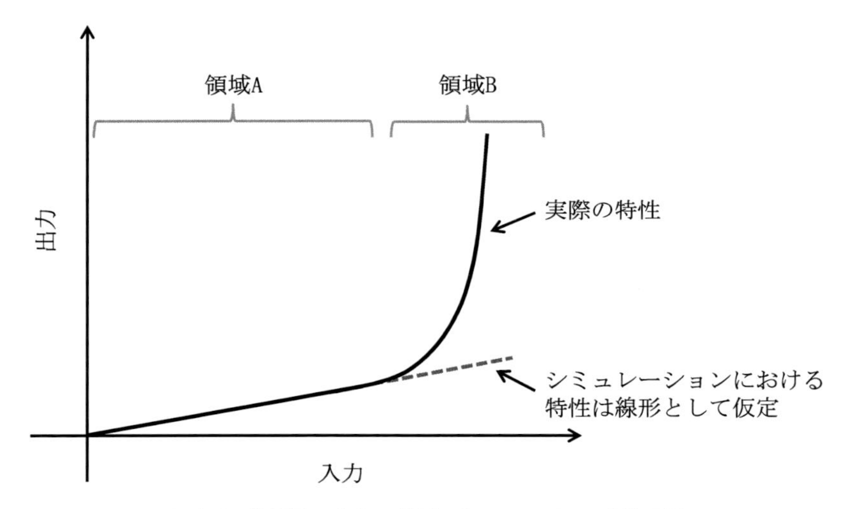

図 3-8　線形性の度合いが低いトランスデューサ使用例

特徴を考慮した上で，使用するトランスデューサを選定し，計測位置および計測点数を決定することである．また，本工程は後の台上再現精度に大きく影響する部分であるので，シミュレーション時の加振機への入力信号と応答の関係を考慮して慎重に検討しなくてはならない．

トランスデューサを選定する際は，その特性や感度，計測する車両の挙動などを考慮して目的に適したものを選定することが重要であり，そのための技術・ノウハウを蓄積する必要がある．以下にトランスデューサを選定する際の注意点を説明する．

(1) トランスデューサの特性を把握し，再現したい現象に適したものを選定

たとえば，加速度計は低周波が不得意であり，変位計は高周波が不得意であることを考慮する．

(2) トランスデューサ自体のクロストークが小さいこと

主軸以外の軸の入力成分に対する感度が極力小さいものを選択する．

(3) 入力に対する線形性の度合が高いこと

シミュレーションは線形性を前提としているので，線形性の度合が低い場合は再現精度の低下を招く要因となる．**図 3-8** に把握したい物理量に対して相関が低いトランスデューサを使用したときのイメージを示す．シミュレーションは線形性を前提に行うため，領域 B においては誤差収束が困難となる．

(4) トランスデューサ自体の重量や慣性力の影響に配慮する

できるだけ軽く，簡単にセットできることが理想である．

また，ロードシミュレータで実働波を精度よく再現するためには，以下に示すポイントを押さえてトランスデューサの取り付け位置と計測点数を決める必要がある．取り付け位置と計測点数が不適切な場合は，挙動再現ができず，再計測が必要となる場合もあるので，十分注意する必要がある．

(1) 十分な数のトランスデューサが必要

シミュレーションにおいて目標波形から加振波形を作成するには逆周波数応答関数行列が計算できる必要がある．そのためには，ロードシミュレータの軸数以上のトランスデューサが必要であり，連立方程式の解が精度良く得られる位置に取り付ける必要がある．トランスデューサの数が足りない場合や，数は足りているがそれぞれの独立性が確保できていない場合には連立方程式が成立せず，解が求まらない．つまり，実走行の再現が困難となる．

(2) クロスカップリングが小さいこと

トランスデューサを取付ける位置は，想定以外の入力成分の影響をできるだけ避けた位置とする．

たとえば，4-poster でのシミュレーションを例にあげると，上下入力以外の入力にも感度を持つような位置にトランスデューサを取り付けた場合，目標とする応答には上下以外の入力で発生する成分が含まれるが，4-poster 上ではそれを上下入力のみで再現しようとするため，再現精度の低下を招く要因となる．

(3) トランスデューサを取り付ける位置の剛性や感度を考慮すること

十分な剛性がないと計測箇所の共振の影響を受けて適正な計測ができない．また，感度が小さすぎると十分なSN比を確保できず，再現精度を著しく低下させることになる．

3.1.4 実走行データの収集

実走行データを収集するためには計測するトランスデューサの種類および計測するチャンネル数に応じた計測器を選定する．そして，計測器のサンプリング周波数やフィルタ設定を行う際に，路面の特徴およびトランスデューサと計測器の特性を考慮した計測条件設定が必要である．以下にそれぞれのポイントと，その他の注意点について説明する．

(1) サンプリング周波数

各トランスデューサによる挙動の応答波形を正確に捉えることができ，ピーク値を逃さないサンプリング周波数にする．一般的にランダムな悪路では500～1000Hz 程度であり，ポットホールなどの衝撃的な特殊路面ではそれ以上である．

(2) フィルタの考え方

加振機で再現できる周波数帯域を考慮する必要があり，エイリアジングを防ぐためのローパスフィルタ(LPF)を設定する．その際，フィルタ特性を把握して対象とする周波数帯域でできるだけ正確に記録できるようにする．

(3) 実走行データ計測

計測ミスがないように，本測定を行う前に十分な暖機を実施し，車両および計測器が安定した状態であることを確認する．また，実走行データ計測では，走行のライン取りや車速によりばらつきが発生する可能性や，データにノイズが含まれる可能性がある．そのため，複数のデータを取得しておくことが望ましい．加えて，走行時のショックアブソーバの過熱による特性変化の影響を無視できない場合には，冷却のためのインターバルを確保するなどして，正確なデータを取得できるように注意する．

3.1.5 実走行データの確認

3.1.4 項にて収集したデータが正しく測定できたかを確認する．ここでは，標準的な路面入力データの実例を用いて説明する．

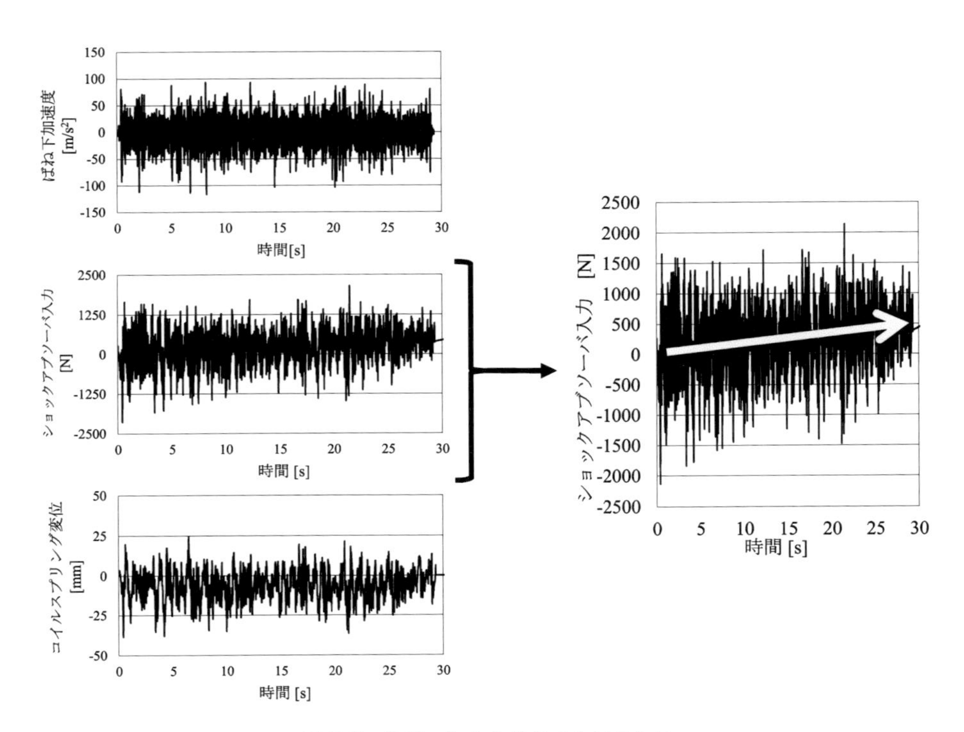

図 3-9 各チャンネルのタイムヒストリ

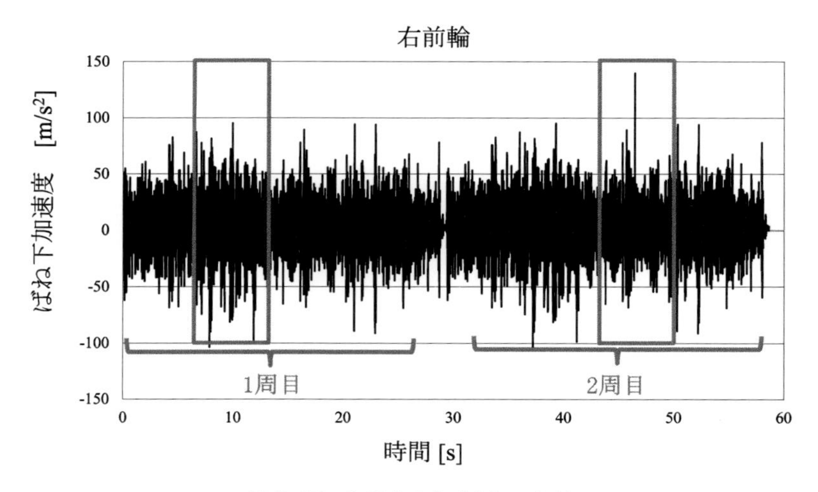

図 3-10　２周分のタイムヒストリ

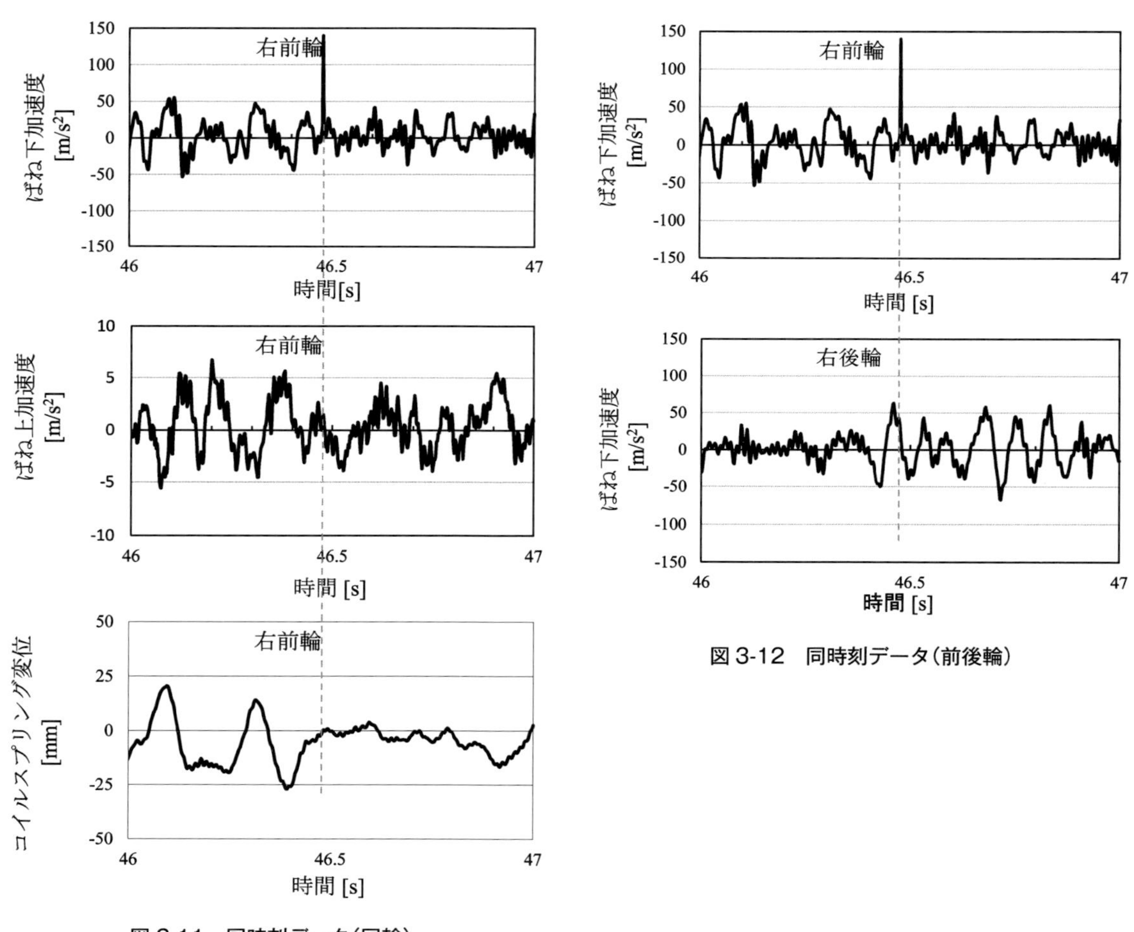

図 3-11　同時刻データ（同輪）

図 3-12　同時刻データ（前後輪）

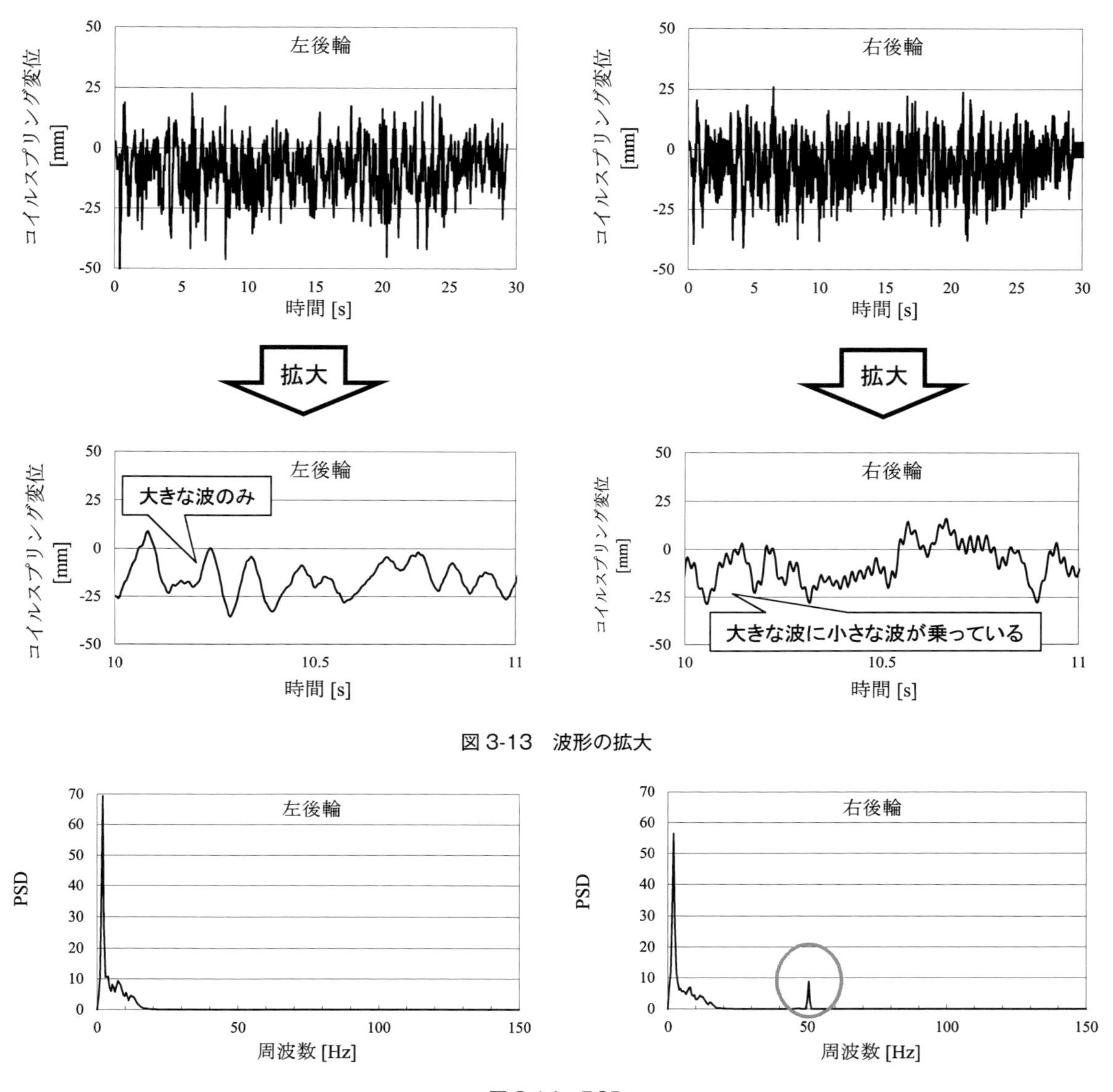

図 3-13　波形の拡大

図 3-14　PSD

(1) 各チャンネルデータの確認

まず測定した各チャンネルのデータを一つずつ確認する．地道な作業ではあるが，一つ一つ見ていくことで，異常のあるデータに気付くことが期待できる．図 3-9 に，それぞれ加速度や荷重，変位の各チャンネルのタイムヒストリの例を示す．注意深く見ると，時間の経過と共に中央値が増加しているデータが存在することがわかる．今回のショックアブソーバへの入力の例では，時間の経過とともにショックアブソーバの温度が上昇し，トランスデューサで正しい測定ができていないと考えられる．対処方法としては，温度補償のあるトランスデューサを用いるか，温度に影響しない測定方法(アクティブダミー法等)を用いる必要がある．

(2) 各周回データの確認

次に各周回データのタイムヒストリを比較する．図 3-10 に前輪のばね下加速度 2 周分のデータを示す．本来，各周回の同時刻には同様の入力が入るはずだが，図 3-10 では 2 周目のみ大きな入力がある．この入力が実入力なのかノイズなのかを判断するため，図 3-11 に示すように，同輪

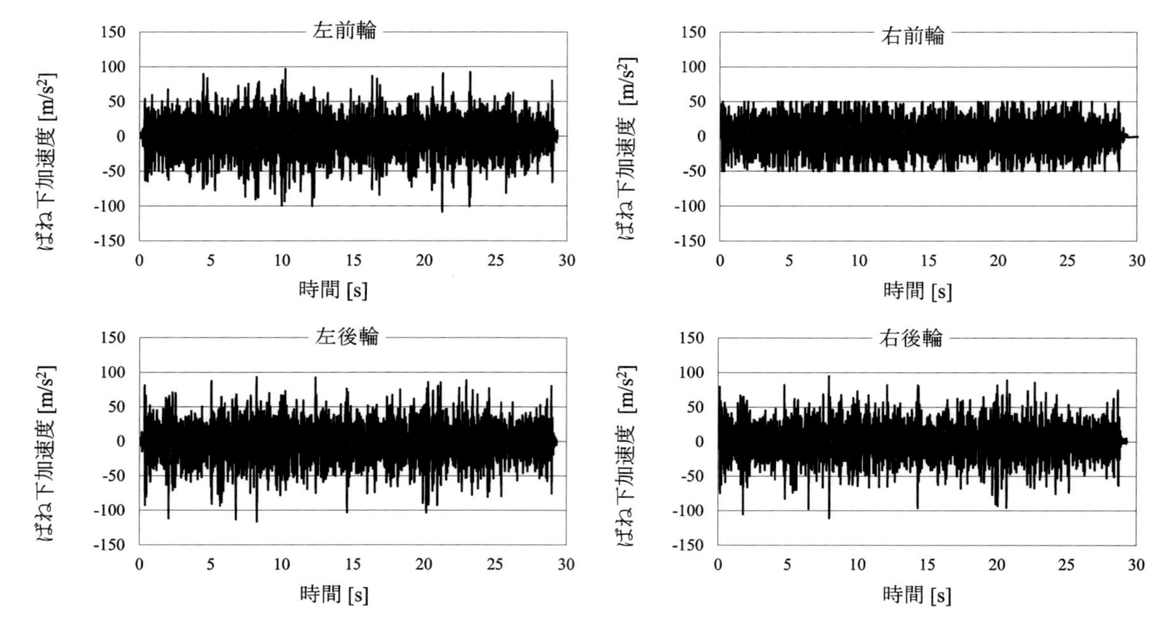

図 3-15　4 輪タイムヒストリ

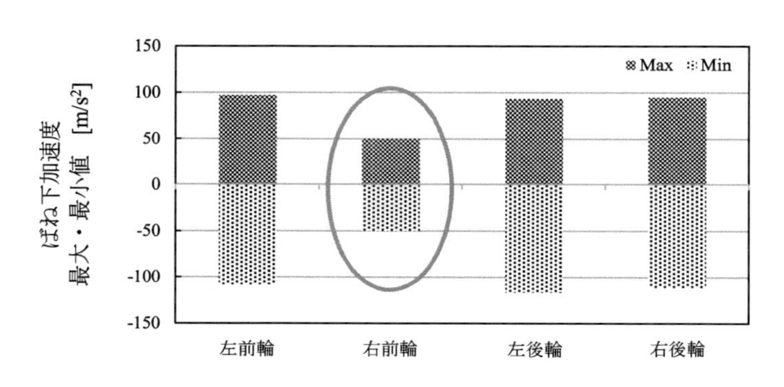

図 3-16　最大値・最小値（データ確認）

のばね上加速度と変位のタイムヒストリデータとを比較する．ばね上加速度と変位の同時刻には大きな入力は見当たらない．

また，直線路面を走行する場合，車両はある路面入力によって，前輪，後輪の順に入力が入るはずである．しかし，**図 3-12** に示す前輪と後輪の入力を比較すると，前輪の入力後に後輪に同様の入力が入った形跡が無い．以上の検討から，この前輪への入力はノイズの可能性が高いと判断できる．

(3) 波形を拡大して確認

次に波形を拡大して確認する．**図 3-13** に左右の後輪コイルスプリング変位のデータを示す．一見，二つのデータ共に正しく測定できているかのように見えるが，拡大して比較することで右後輪のデータには小さな波が乗っていることが分かる．

(4) パワースペクトル密度関数(PSD)の確認

図 3-13 のノイズの原因は，このデータを別の見方で確認することで調査することができる．**図 3-14** は**図 3-13** の PSD である．右後輪のデータには 50Hz の電気ノイズが入っていることが確認できる．この電気ノイズの場合は，トランスデューサのアースが取れていない，導線の被覆が露出している等の原因が考えられる．

(5) 4 輪データの確認

最後に同じトランスデューサの 4 輪データを比較する．**図 3-15** にばね下加速度の 4 輪タイムヒ

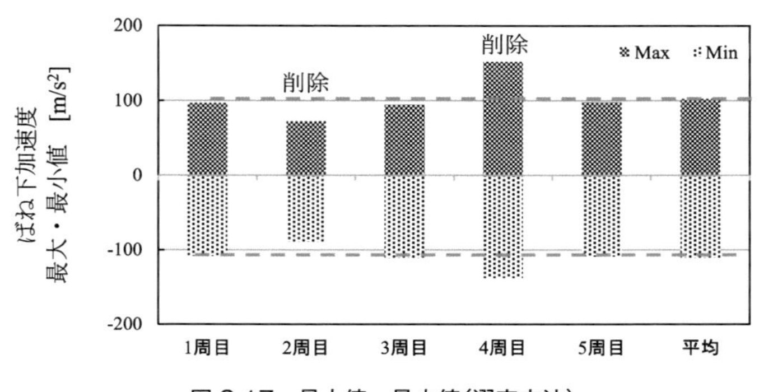

図 3-17　最大値・最小値（選定方法）

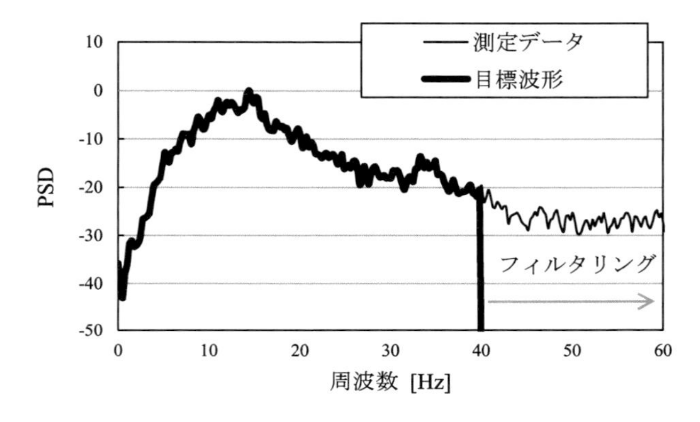

図 3-18　フィルタの設定例

ストリを示す．一目で右前輪のデータが小さいことが確認できる．さらに**図 3-16** に示すように，最大値と最小値とを比較することで他の 3 輪と比べて明らかに小さいことが確認できる．この原因としては計測器のレンジを 50m/s^{2}に設定している，もしくはトランスデューサの上限が 50m/s^{2}の物を使用したためと考えられる．レンジオーバーした場合，正しいレンジに設定して再測定を実施する必要がある．実走行データを測定する際は，最初にレンジを大きく設定して測定し，各トランスデューサの応答レベルを確認し，適切なレンジに設定することが望ましい．

この他にも頻度データから 1 回/km，10 回/km 値の比較や，頻度線図の形の比較と前回の測定データや類似車種との比較等，様々な観点や多様な統計値で比較し，確認を行うことが重要である．

3. 2　目標波形の選定と編集

ロードシミュレータによる耐久試験を実施する際は，目標波形で耐久試験を実施するので，目標波形としてどの波形を選定するかにより結果に大きな違いが出る．したがって，3. 1 節で収集した実走行データから目標波形を選定する際も十分に注意する必要がある．ここでは，目標波形を選定する際に注意すべきポイントおよび選定する方法について説明する．

3. 2. 1　目標波形の選定方法

3. 1. 5 項に従い測定データが正しく測定されたことを確認した後，目標波形を選定する．3. 1. 4 項で述べたように，実走行波形は走行のライン取りや車速によりばらつきが発生する．一方，台上試験では同じ波形データを繰り返し与えるので，どの波形を選定したかによって実走行試験と台上試験での結果に差異が生じてしまう可能性がある．

たとえば，入力の上限側のデータを選定すると，台上では上限入力を繰り返し与えることになり結果として過負荷な評価となる．またその逆に下限側のデータを選定した場合は評価不足となる．

そこで，複数計測したデータから台上試験で用いる波形（目標波形）を選定する際には，評価の目的を考慮しつつ，より平均的な入力を選定する必

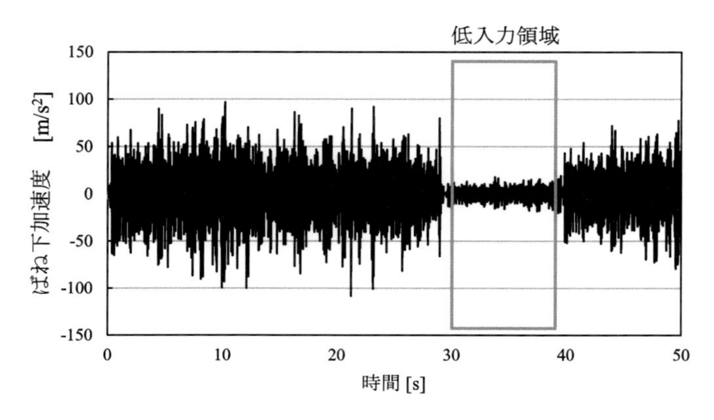

図 3-19 削除前のタイムヒストリ

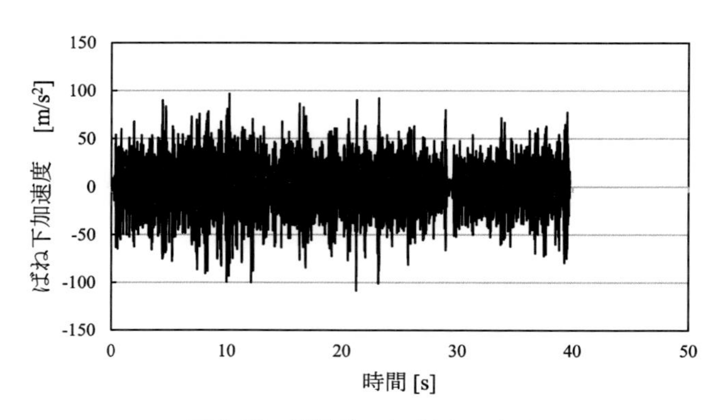

図 3-20 削除後のタイムヒストリ

要がある．下記にその代表的な方法について紹介する．

(1) 最大値／最小値

各 N_i周の最大値と最小値を算術平均し，平均に近い周回データを採用する．**図 3-17** に示すポットホール等の大入力や，過小な周回データを削除する．

(2) 累積頻度解析

各 N_i周の 1 回/km 値を算術平均し，平均に近い周回データを採用する．

3. 2. 2 目標波形の編集

前述の 3. 1 節で収集した実走行データをそのまま再現できるのであれば問題ない．しかし，加振機には再現可能な周波数帯域が存在する．したがって，加振機の能力を考慮した適切なフィルタリングをした目標波形を作成しなければならない．また，全周波数帯域を再現する必要もなく，再現したい周波数帯域に合わせてフィルタを決定すればよい．一例として**図 3-18** にローパスフィルタ 40Hz でフィルタリングした結果を示す．また，耐久試験を実施する場合，**図 3-19** と**図 3-20** に示すように試験期間の短縮を目的として，低入力領域を削除することもある．試験期間の短縮は，設備費用の軽減だけでなく，車両の開発期間の短縮に直結することであり，重要な意味を持つ．ただし，どの部位に注目して，どの程度の入力を低入力と判断するかは技術者に依存する．また，全ての部位に注目できないので，注目していない部位は考慮できないというデメリットがあることも知っておかなければならない．

3. 3 周波数応答関数の測定，解析

本節では**図 3-21** に示す FRF の測定とその良否判断までのフローにおいて留意すべきポイントを，供試体のセッティング，加振機の油圧チューニング，加振ランダム信号の決定，FRF の測定と良否判断の順に説明する．(**図 3-21**)

3. 3. 1 供試体のセッティング

実働波を精度良く再現させるためには，実走行データ測定時と加振機上での車両の状態が，限り

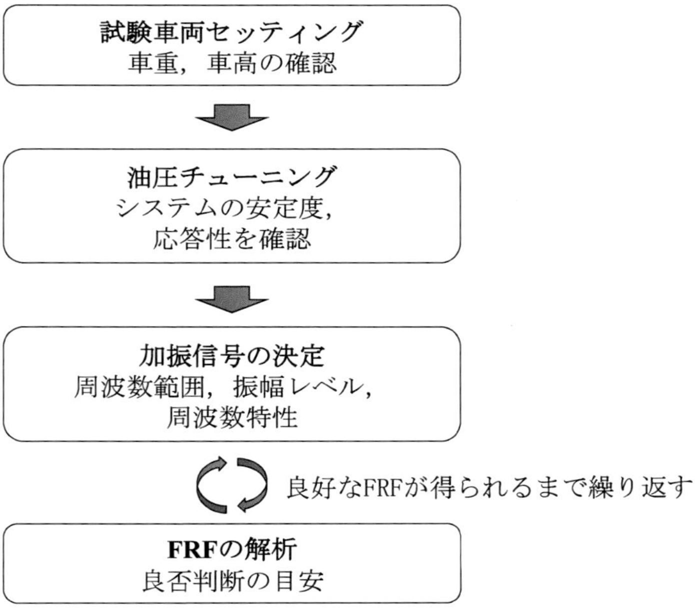

試験車両セッティング
車重，車高の確認

油圧チューニング
システムの安定度，
応答性を確認

加振信号の決定
周波数範囲，振幅レベル，
周波数特性

FRFの解析
良否判断の目安

図 3-21　FRF の測定とその良否判断までのフロー

なく同じであることが望ましい．当然ながら，その状態を完全に一致させることは不可能である．そのため，少なくとも以下に示すパラメータは確認しなければならない．

(1) 入力測定時と加振機上とで車室内のウエイト配置をできるだけ同じにする．

(2) 入力測定時の車高および輪重を正確に把握し，加振機上での車高および輪重が同じになるようにセットする．

4-poster や 6DOF でのフローティング試験の場合，制御するのはタイヤやスピンドルなどのサスペンションへの入力であり，ばね上のアッパーボデーは成り行きで振動するだけである．サスペンションへの入力をどんなに正確に再現したとしても，初期状態の車高や輪重が大きく異なれば，ばね上挙動との相関が合わずに車両トータルでの再現精度が落ちるのは明白である．また，6DOF の場合，対象車両の各輪に静止状態で無視できないくらいのキャンバーモーメントや横力が発生しているときは，加振機上においても初期値としてその値を入力することを考える．

3.3.2　加振機の油圧チューニング

供試体のセッティングが完了したら，次は，加振機の油圧チューニングを実施する．チューニングの目的は，良好な加振試験を行うために，制御ループの安定度や応答性などを確認，調整するためである．4-poster の場合は，変位制御軸のみであるので，供試体が無い状態でチューニングを実施すれば，供試体を載せた状態でのチューニングは基本的に不要である．しかし，6DOF の場合には，荷重制御軸があるので供試体の特性が変われぱその応答も変化する．したがって，必要に応じて供試体をセットした状態で荷重軸のチューニングを実施する．

実働波シミュレーションのための油圧チューニングとしては，一般的に矩形波チューニングが実施される．矩形波は様々な周波数成分の重ね合わせであり，システムが持つ固有振動モードを励起しやすいことから，システムの安定度を確認するために適している．図 3-22 に示すように矩形波の立ち上がりやオーバーシュート，目標値への到達時間や収束性を観察して，その良否を判断する．6DOF の場合は，図 3-23 に示すように対になる制御軸のバランスをとることも重要である．

3.3.3　加振ランダム信号の決定

精度のよいシミュレーションを実施するためには，線形近似が可能な周波数帯域，周波数間の独立性が成立する帯域で加振した FRF であることが必要であり，トランスデューサの応答レベルが試験周波数帯域全域でバランスよく得られている

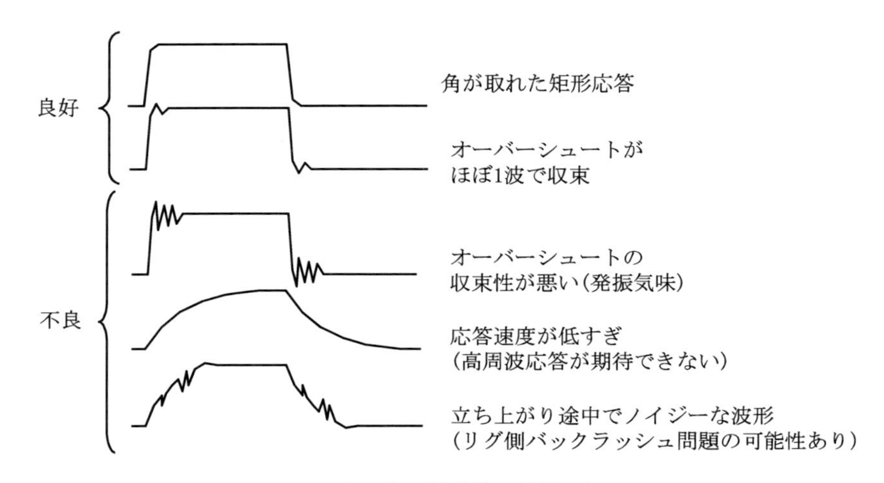

図 3-22　矩形波応答の判断目安

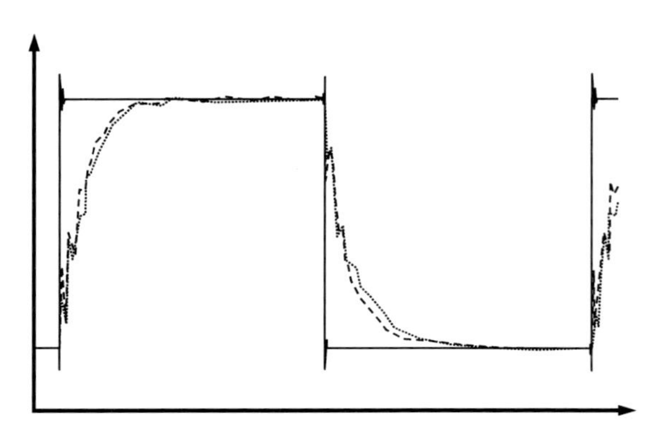

図 3-23　対になる制御軸のバランス

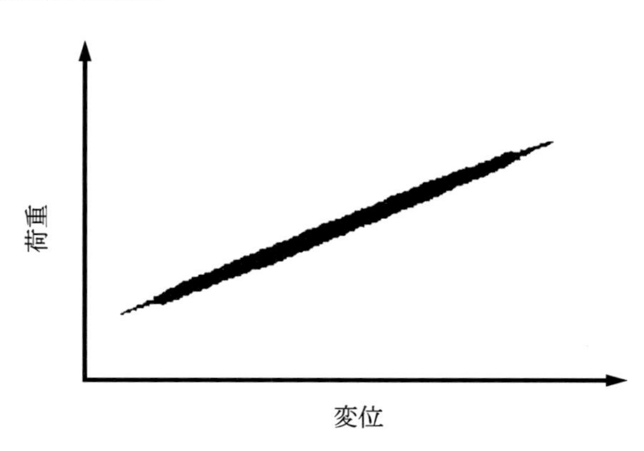

図 3-24　良好な線形性を有している状態

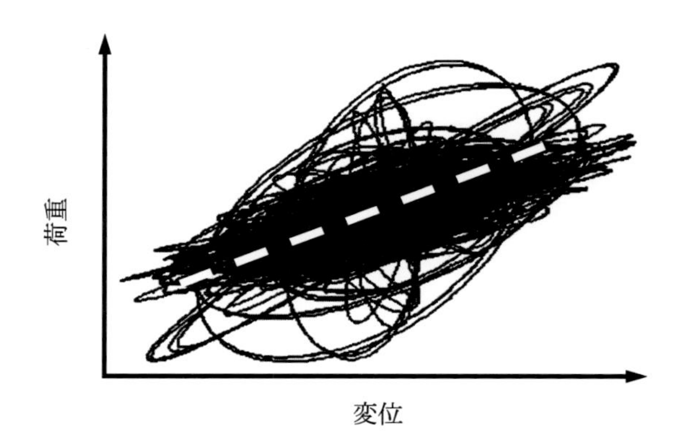

図 3-25　種々の傾きが混在している状態⊠

ことが重要となる．以上を念頭において，適切なFRF を計測するための加振ランダム信号を決定する．信号を決定する情報は下記の三つとなる．

①加振周波数帯域

②加振振幅レベル

③周波数特性(シェイプ)

加振周波数帯域は，試験装置のスペックや目的とするシミュレーションに必要な周波数帯域から決定する．車両の耐久強度の評価を目的とする場合，0.5～50Hz 程度が一般的である．低周波側を0.5Hz 以上にする理由は，4-poster や 6DOF でのフローティング試験の場合，大ストロークを必要とする DC 成分付近の再現が困難なためである．また，高周波側に関しては，車両の耐久強度においては 50Hz 程度まで含まれていれば，概ね評価が可能と考えられる．ただし，50Hz を超える成分が疲労に与える影響は小さいと判断した場合であり，共振現象など特殊な場合はその限りではない．

加振振幅レベルは，SN 比が確保できる，供試体にダメージを与えない，入力データを代表できる，といった観点から決定する．

周波数特性は，変位制御や荷重制御の特性を把握して減衰係数を設定する．特に変位制御の場合は，高周波になるにつれて小さな変位でも大きな加速度が発生し，供試体を破損する恐れがあるので適切な減衰係数を設定する．

3.3.4　周波数応答関数の測定と良否判断

次に，3.3.3項で作成したランダム加振波形を用いて，車両を含めたシステム全体のFRFを測定する．得られたFRFを分析し，シミュレーションに適したものかどうかを判断する．そのためには次のFRFの重要な特性について理解しておく必要がある．詳細は第2章を参照されたい．

(1) 直線近似

図3-24は入力と出力の関係が良好な線形性を有しているため問題ないが，**図3-25**に示すように入力と出力の関係が無相関であったとしても，計算上は線形近似してしまう．

(2) 平均

フーリエ変換は時間フレーム内に周期関数を仮定し，その中にどのような周波数成分を含んでいるかを求める方法であるので，時間領域から周波数領域に変換する際に周波数帯域別に時間フレーム内の情報を平均してしまう．そのため，タイムヒストリデータにスパイクやドリフトなどの異常が含まれていたとしても，FRFに変換してしまうと，時間領域での異常情報は周波数領域に分散され埋もれてしまう．

(3) 周波数間の独立性を前提

f_n[Hz]の周波数成分のデータが変化しても，別なf_i[Hz]の周波数成分のデータには影響しない周波数間の独立性を前提としている．しかし，実際の非線形な系においては，影響する場合があるので注意が必要となる．

上記の特性を踏まえた上でFRFの良否判断を行うが，FRFのみの確認ではデータの異常を見逃す可能性がある．したがって，ランダム加振終了後のタイムヒストリデータに異常(スパイク，ドリフト，SN比が悪いなど)が無いことを確認した後で，FRFをチェックすることが基本となる．良否判断の目安としては以下の三つを確認する．

① H_1とH_2が概ね一致しているかどうか(**図3-26，3-27**)

② 振幅および位相のデータ曲線がスムーズであるかどうか(**図3-26，3-27**)

③ ピーキーな共振点や反共振点が無いかどうか(**図3-28**)

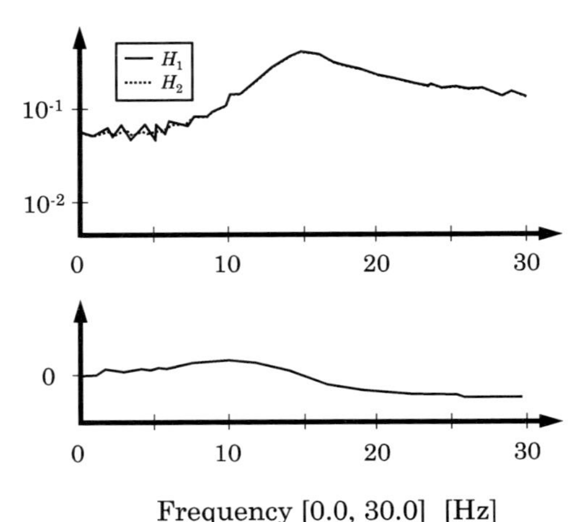

図3-26　適切なFRF

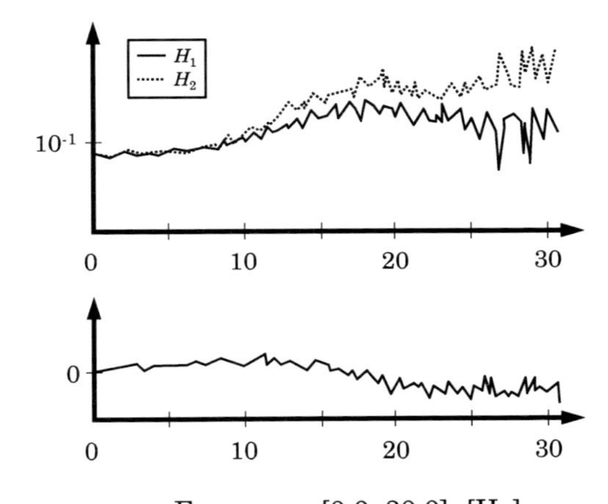

図3-27　不適切なFRF(1)

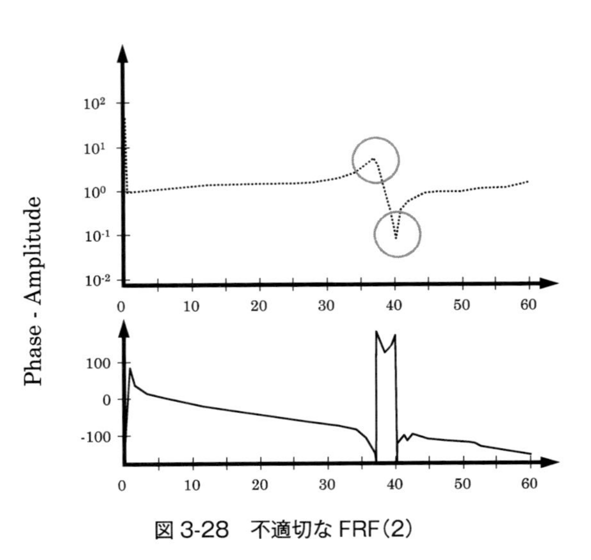

図3-28　不適切なFRF(2)

①は，直線近似しても問題ないコヒーレンスが得られているかを判断できる．大きく乖離している場合，供試品の非線形性やノイズ(注目する入力以外の入力や信号経路の電気的なノイズなど)の影響が考えられる．また，油圧チューニングを含む加振機側の影響も考えられる．

②でノイジーな波形となった場合，極端に加振レベルが大きい可能性がある．ノイジーな波形となる理由としては，その周波数帯域での変位 - 荷重線図に複数の傾きが存在する状態であることが考えられる．それを無理やり線形近似させることにより，実現象と一致しない FRF が作成されるとともに，周波数分解能 Δf ごとの応答が不規則になる．そのため，Δf ずれただけで応答レベルが大きく変化する FRF となってしまう．

③を確認する理由は，ピーキーな共振点がある場合は，自由振動に近く制御困難になる可能性があるためである．また，反共振点がある FRF から逆 FRF を作成すると，過大な加振波形を作成する可能性がある．

以上のポイントをクリアする良好な FRF が得られるまで，加振信号の条件を変更し，FRF の再測定を繰り返す必要がある．ただし，良好な FRF が得られたとしても，精度のよいシミュレーションを実施するための必要条件であって，十分条件ではないことに注意すること．

3.3.5 逆周波数応答関数の計算と安定度の確認

3.3.4 項までの作業で良好な FRF が得られたら，加振波形生成係数である逆 FRF を計算する．計算自体はソフトウェア上で完了するため，理論的な内容については 2 章を参照されたい．

計算された逆 FRF の安定度で見るべきポイントは，以下の 2 点である．

① 逆 FRF の振幅に極端に小さい部分がある(図 3-29)

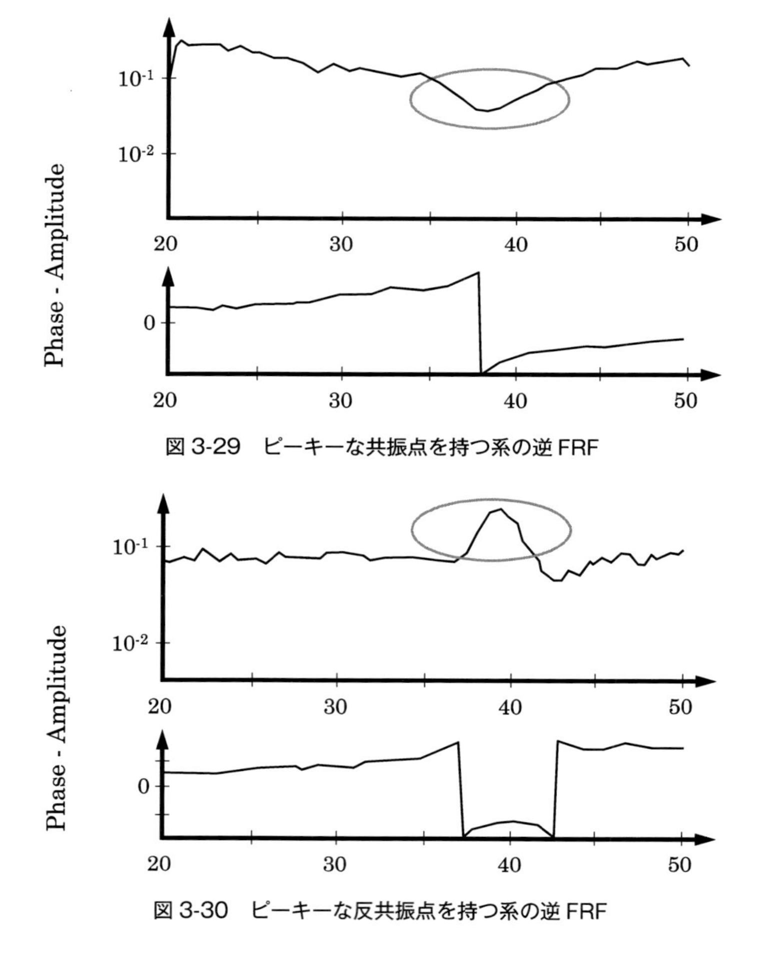

図 3-29　ピーキーな共振点を持つ系の逆 FRF

図 3-30　ピーキーな反共振点を持つ系の逆 FRF

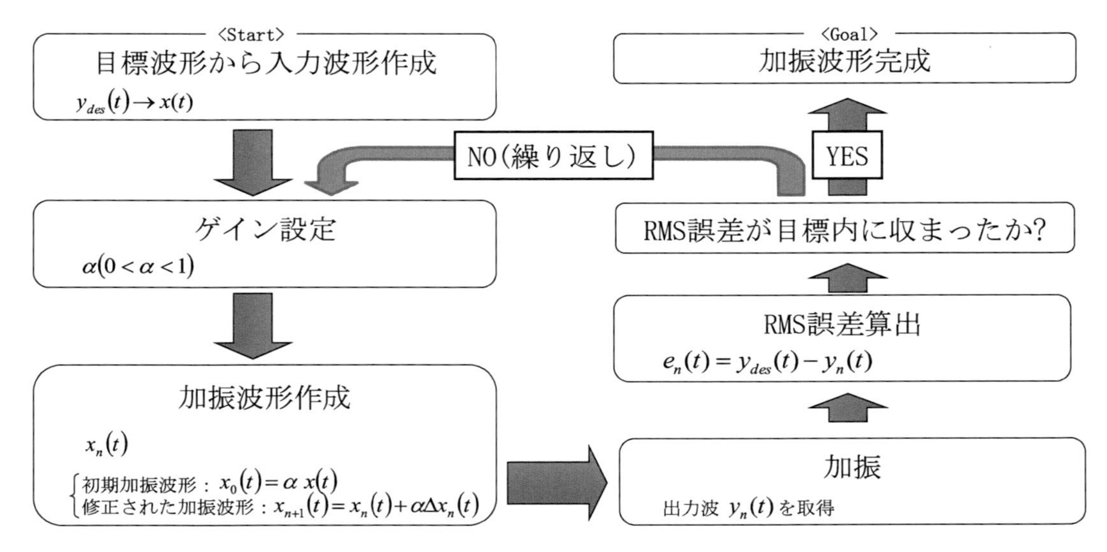

図 3-31　イタレーションフローチャート

② 逆 FRF の振幅に極端に大きい部分がある（図 3-30）

これらの特徴がみられた場合は，その逆 FRF は問題を抱えている可能性がある．

①は，小さな加振波形でも十分な応答が得られるということであり，共振現象により応答現象を加振波形の大小でコントロールすることが困難であることを意味する．

②は，小さな目標成分であったとしても過大な加振波形を作成することになり，供試体を破損する可能性がある．また，その周波数帯域では供試体またはトランスデューサの応答性が悪いことも意味しており，目標波形への収束が困難となる．

3.4　イタレーション

3.3 節で示したランダム加振で適切な FRF が取得できれば，逆 FRF を導出し，目標波形からシミュレーションを行うための加振波形を求めることができる，と思われるかもしれない．しかし，実際には本章で説明するイタレーション（＝反復，繰り返し）を行い加振波形の合わせ込みを徐々に進めて行く作業が必要になる．

3.4.1　イタレーションの必要性（1 輪 1 軸合わせ込み）

まず，単純化のため 4-poster でフロント片側の 1 輪のみ（または多軸ロードシミュレータで上下軸 1 輪のみ）を動かし合わせ込む場合を考える．1 輪のみであれば FRF から導出した加振波形は目標とする挙動を再現することは可能だろうか．

実際には，2 章で説明した FRF 導出の理論と実際の車両の違いを考える必要がある．FRF 導出においては車両を線形システムと仮定した上で解を求めているが，実際の車両では，ボデーから車輪の間にはばね，ダンパ，ゴムブッシュを介しており，これらは何らかの非線形特性を含む要素であり，1 輪のみであっても計算のみで求めた加振波形では車両の挙動は再現できない．

3.4.2　イタレーションの必要性（2 輪 1 軸合わせ込み）

次にフロントの左右 2 輪を合わせ込む場合を考える．まず 3.4.1 項の 1 輪合わせ込みの時と同様の問題が生じるが，加えて入力の位相ずれがさらに悪影響を与える．たとえば右前輪に入力があるとボデーを介して左前輪にも入力が伝わってしまう．さらには，その力を伝達するボデー自体もヒステリシスを持っており，非線形である．

このように，4-poster（上下軸方向の入力）の前輪だけで考えても乖離が生じるので，これが 4 輪全ての場合や，4 自由度多軸シミュレータ（4DOF），6DOF 等のように入力の軸方向が多数ある状況においては，イタレーション無しに加振波形を作ることは難しく，場合によっては過大な加振波形を推定して供試体を壊すことにもなりかねない．

3.4.3　イタレーションの実施

3.4.2 項の理由から，イタレーションを行うことで非線形な特性を持つ供試体に合わせた加振波形の作り込みが必要になる．

イタレーションでは，計算で導出された加振波形をベースとして，補正係数であるゲインを掛け合わせ，小さい入力から本来の入力に徐々に上げていきながら，その都度得られる応答をもとに補正を掛けていき(イタレーション理論の詳細は 2 章を参照)，得られた応答のずれ(通常，RMS 誤差を用いて判断)が目標以下に収まったところで，加振波形が完成したと判断しイタレーションを終了する．

なお，ゲイン設定については，以下のことに注意する必要がある．

(1) イタレーション開始直後は，計算上求めた加振波形では車両特性等で目標波形からずれていることを想定する必要がある．また，イタレーション開始直後の誤差が収まっていない段階も高いゲインを与えると発散の恐れがある．以上を踏まえて低めの値から始める．

(2) イタレーション終盤は，目標の誤差レベルに近づいてきた段階では，誤差の絶対値が小さいので，低いゲインでは収束までに回数が掛かることがある．そのため発散等に注意しながらゲインを上げることを検討する．

3.4.4　イタレーションがうまくいかないとき

本来，これまで述べた通りに目標波形の選定や試験機チューニング等の準備が進み正しい FRF が得られていれば，**図 3-32** に示すように誤差が収束してイタレーションは成功するはずである．

図 3-32 に示す成功例では誤差が収束したが，FRF のできやゲインの設定によっては誤差が発散し，そのままイタレーションを続けると最悪想定以上の入力が生じ供試体を壊す可能性がある．そのため，イタレーション時は誤差の収束/発散状況を注視し，場合によってはイタレーションを中止するという判断が必要になる．また，中止後はトラブルシューティングを行った上で再度イタレーションを進めていくが，どの箇所にフォーカスしてトラブルシューティングするかといった判断も作業を効率的に進めるために重要になる．

表 3-2 にイタレーション中に起こりうる異常の代表的なケースと対処方法を示す．この中から RMS 誤差の収束/発散状況の例を用い，そのときの対処方法，イタレーション中断時のトラブルシューティング箇所の特定法を以下に示す．ただし，下記の手順は絶対ではないので，試験の特徴やトラブルの状況を踏まえて安全を優先して対応する必要がある．

簡易化のため，1 輪当たり *XYZ* の各並進方向のトランスデューサ(荷重計，加速度計，ひずみゲージ等の中から選択)3 個× 4 輪分で 12 個のトランスデューサをイタレーションで合わせ込む状況を考える．6DOF における回転軸方向の合わせ

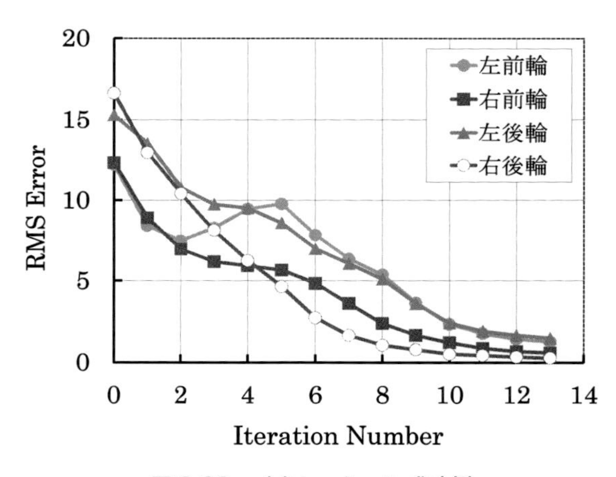

図 3-32　イタレーション成功例

表 3-2　イタレーション中に起こりうる異常の代表例

	異常が起こる手順・対象	想定される状態	対処方法
ゲイン設定	異常値入力	異常な加振波形完成	波形チェック
加振	応答波形	異常なデータが出力	トランスデューサ・結線・加振機の異常チェック
	挙動(加振波形)	加振停止(最悪車両破損)	リミッタ設定の確認
RMS 誤差算出	誤差収束しない	発散	FRF 見直し・加振機の油圧チューニング見直し
	誤差収束しない	下がりが悪い	ゲイン設定・FRF 見直し
	誤差収束し過ぎる	下がりが早すぎる	ゲイン設定・フィルタが甘い(より広げられる)

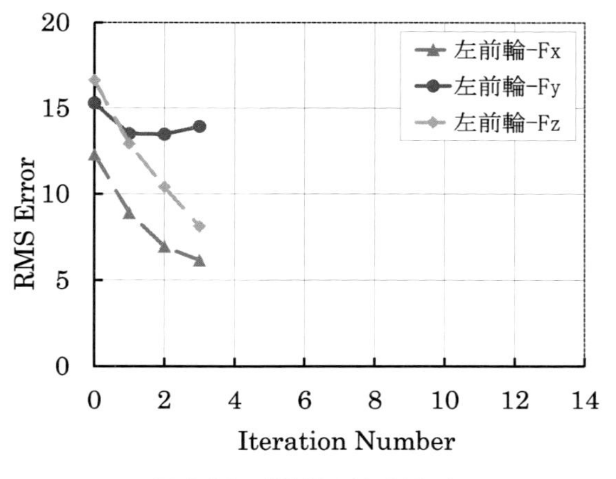

図 3-33　発散例 1（収束悪い）

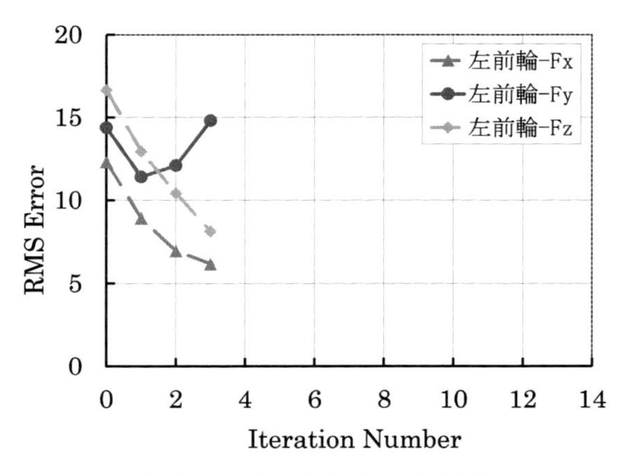

図 3-34　発散例 2（明らかな発散）

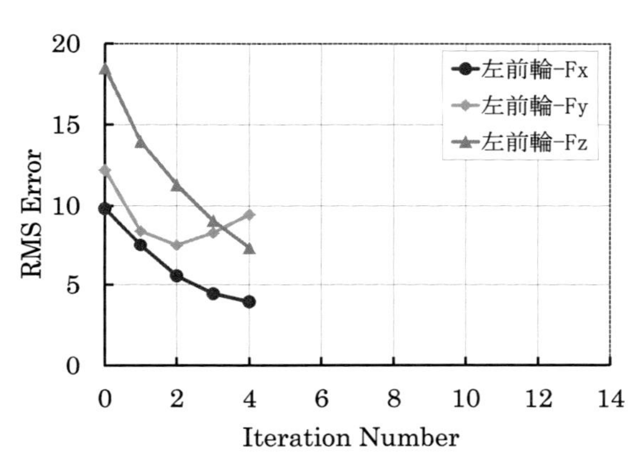

図 3-35　発散例 3（3 軸中 1 軸が発散）

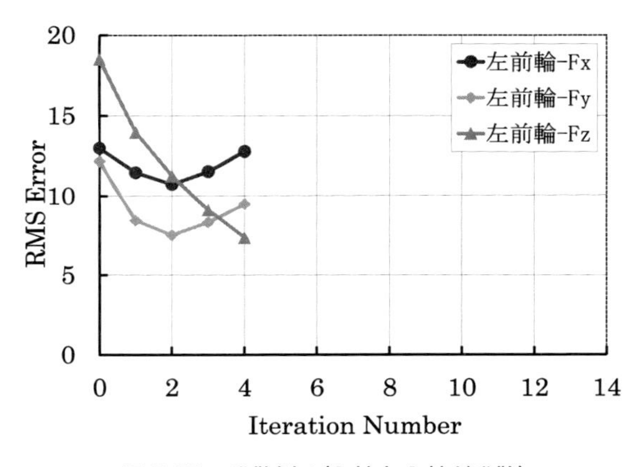

図 3-36　発散例 4（3 軸中 2 軸が発散）

込みも，この並進方向での考え方を参考にトラブルシューティングを行う必要がある．

(1) Step1：発散の度合いによる判断

まず，**図 3-33** と**図 3-34** に示すように 4 輪中 1 輪に注目してイタレーションを進めた場合に，誤差が発散する兆候が見られた場合の方針を考える．

図 3-33 と**図 3-34** では，発散の度合が異なり，**図 3-33** では収束が進まないレベルだが，**図 3-34** では明らかに発散への悪化傾向が見られる．このとき，**図 3-33** であれば次ですぐに発散することはないと判断しイタレーションを続行できるが，**図 3-34** の場合は発散して車両を壊す懸念がある．そこで，FRF（H_1および H_2）の良否判断をする．両者が合っていれば，FRF は良好であり，今後収束すると考えられるのでイタレーションを続行する．しかし，H_1と H_2が元々ずれている場合は，FRF が原因で発散している可能性が高いと判断して，イタレーションを中止して FRF を計測し直す必要がある．

(2) Step2：発散する軸の数の検証

Step1 でイタレーションを続行すると判断した場合の発散が懸念される軸の数を確認する．この時，**図 3-35** のように 1 軸（図の例では Y 軸）だけ発散しそうであれば，イタレーションを続行する．なぜならば，残り 2 軸（X および Z 軸）において収束傾向が続けば Y 軸にも好影響を与え，収束に向かうことが期待できるからである．

逆に，**図 3-36** のように 2 軸（または 3 軸）で発散の懸念がある場合は，それぞれの軸が悪影響を及ぼし合いさらに悪化し発散する恐れがあるので，イタレーションを中止する．

(3) Step3：4 輪の発散の組み合わせについて

Step2 の 1 輪での考えをベースとして，4 輪それぞれの発散兆候が見られる組み合わせとその時の対応方法について考える．

まず，フロントまたはリヤの左右輪だけ発散兆候が見られる場合は，車両のサス形式の問題を疑う必要がある．本来は，*XYZ* それぞれの軸に対して，ある軸方向の入力を与えたらその軸方向のトランスデューサのみが反応することが理想的である．ただし，車高やサス形式によっては，横方向に入力を与えると上下方向に車両が動くことが起こり得る（クロスカップリング）．このような場合，試験車両を改造することは難しいため，合わせ込みの目標レベル等を調整して対応する．

また，この応用として４輪全てで発散傾向が見られる場合も，フロントとリヤそれぞれでクロスカップリングが発生している可能性が考えられるので，上記と同様の対応が必要になる．逆に１輪だけ収束の傾向が異なる場合は，車両自体ではなく，締結部のゆるみやトランスデューサ類の結線等の計測準備段階での作業が疑われる．

また，通常前後２輪だけ収束の傾向が異なるといったことは考えにくいため，その場合は足回りやボデーが損傷して前後力によるクロスカップリングが生じていないか，加振機にチューニングや物理的な問題が生じていないかをチェックする．

(4) 中断時：トラブルシューティングの手順

最後に，イタレーション中断時のトラブルシューティングの手順について説明する．トラブルシューティングの対象となる車輪は，これまでの手順で粗方絞り込まれているはずなので，対象となる車輪について，下記の流れで考え，問題の原因と考えられるものに対し対策を実施し，再度 FRF の計測からやり直す．

まず基本となるのは，車両の固定やトランスデューサ類の結線といった事前準備項目の確認である．この部分が問題ない場合は，トランスデューサの種類や計測位置が適切か，トランスデューサを追加する必要はないかを再考し，加振機の入力に対して必要なトランスデューサが正しくセットされていることを確認する．

トランスデューサ側にも問題がない場合，3.3.3 項で決定した加振ランダム信号の入力レベルが小さいため，車両から十分な応答が得られていない可能性が考えられる．そこで，入力レベルを上げることで車両やトランスデューサが十分に反応するように調整する．

このような対策をとっても改善しない場合，再現周波数帯域が適切か，再現できない周波数帯域を切ることはできないか考える．以下に設備およびトランスデューサ類の周波数帯域設定に影響する要素について説明する．

① 加速度計は，特性上低周波（1Hz 以下）は苦手である．

② 低周波の挙動合わせを目的として，足回りのコイルスプリングにトランスデューサとしてひずみゲージを用いた場合，高周波ではサージングの影響が出て合わなくなることを考慮する必要がある．

③ 加振機のチューニングについて，応答重視と安定性重視の２パターンがあるが，通常は予期せぬ入力が入らないように安定性重視にする．しかし，再現したい周波数帯域によっては安定側により過ぎてしまうこともあり得るので，適切な状態かチェックする必要がある．

以上の制約と，行いたい試験上の要求を勘案し，シミュレーションの対象範囲を狭めることも有効な手段である．

以上，ロードシミュレータのオペレータがトラブルシューティングをする際，ノウハウとして行っている対処法の典型的な例を示した．トラブル発生時は，まずは上記で当てはまることがないか確認し，未知のトラブルの場合は上記の考え方を参考に理論的に疑わしい箇所の潰し込みを繰り返して対応することになる．

3.4.5 制御チャンネル以外の確認（耐久試験評価部位）

これまでは，イタレーションで合わせ込みを行う制御チャンネルに関して説明してきたが，耐久試験を行う際に制御チャンネルだけ合わせ込みができていれば耐久試験を行うことができるだろうか．

耐久試験を行う際は，評価部位近傍にもき裂チェック等の目的でトランスデューサをセットする（＝評価チャンネル）が，評価部位の反応が実走行と異なっていてはロードシミュレータで耐久試験を行う意味がないので，単純に「制御チャンネルのエラーを抑えられたから試験可能」とは判断せずに，評価チャンネルも検証する必要がある．

考えられるパターンとして，

① 制御チャンネル：○，評価チャンネル：○
② 制御チャンネル：○，評価チャンネル：×
③ 制御チャンネル：×，評価チャンネル：○
④ 制御チャンネル：×，評価チャンネル：×
の4パターンがある．この内，①がOKで④がNGである事は明白だが，②や③の場合は耐久試験を行えるだろうか．

ここで重要なことは，耐久試験で何を再現し何を評価するかを明確にしておくことである．特に評価部位数が膨大な場合には，たとえば②のようにある部位の再現精度は十分であるが別の部位はそうではないということが起きやすい．この場合，イタレーションでは解決が難しいが，ダメージ比換算等で評価の仕方を工夫して対応するという方法がある．

③の場合は，シミュレーションが十分に合っていない中でたまたま評価部位のトランスデューサが実走行と同じ反応を示した可能性があるので，基本的にはシミュレーションをやり直すべきである．ただし，制御チャンネルのNGの程度によっては試験可能と判断できる場合もある．たとえば，RMS誤差は若干目標未達であるものの「この部位の評価は上下入力だけ合っていれば十分」，「高周波領域だけ合っていれば評価可能」等の状況において，合わせ込みたい部分が必要レベルに達しているのであれば，全体としてはシミュレーションが不十分でも試験可能と判断することもある．逆に，制御チャンネルが大幅NGの場合は，シミュレーションをやり直すべきである．

このように，イタレーションでは単純に目標誤差に収まったかどうかのみで判断せずに，試験で再現して評価したい事象に応じてRMS誤差以外にも，タイムヒストリ，PSD，コヒーレンス関数，といった様々な値(波形)を駆使して試験の可否を判断することが大切である．

3.5 耐久試験

台上耐久試験はロードシミュレータを用いて実施する加振疲労試験であり，3.4節のイタレーションによって得られた加振波形を用いて実施する．台上耐久試験は，特定の凹凸路面を走行したときの路面入力と試験車両が受けるダメージのみを再現して実施すれば良いというわけではない．なぜならば，自動車は世界のあらゆる地域で使用されており，自動車が走行する路面の種類は平坦で舗装された路面ばかりではなく，凹凸路，砂利路，石畳路，波状路，轍路など様々な負荷形態，周波数特性を有した路面が存在するからである．3.1.1項でも述べているが，台上耐久試験においても，これらの路面および走行パターンを考え，選定した路面を組み合わせることにより様々な使用環境負荷を再現して試験を実施することが必要であることを強調しておく．

ここでは，台上耐久試験時に実施する一般的な項目を示すとともに，それぞれの内容について説明する．

3.5.1 点検タイミングと点検方法

(1) 点検タイミング

試験車両のき裂の検出は一定走行距離，一定走行時間ごとに行うことが一般的である．さらに，き裂発生の距離，時間を正確に知るためには，通常点検を実施する距離の中間距離で点検を実施することや毎朝，毎晩などの定時刻に日常点検を実施することが重要になる．なぜならば，点検時にき裂が大きく進展していると，き裂の起点，き裂発生のメカニズムが解明できなくなってしまう恐れがあるからである．

先行試験の結果やCAE解析結果などから着目部位が分かっている場合は，ひずみゲージ貼付けによるひずみのモニタリングを実施して，耐久試験初期のひずみを基に耐久試験中のひずみ変化を確認することで，き裂発生の距離，時間をより正確に知ることができる．

(2) 点検方法

き裂検出の点検方法は目視確認が一般的である．目視確認の際には，カラーチェック(浸透探傷)を行うことが一般的であり，き裂を検出し易くなる．カラーチェックとは，赤色の浸透性の良い検査液を用いてき裂を検出する非破壊検査方法である．

3.5.2 消耗部品への対応

台上耐久試験は加速試験であり，市場の負荷より高い負荷で試験を実施することが一般的である．そのため，試験中にショックアブソーバが熱を持ち，オイルの温度上昇によりオイル漏れの原因になることが多い．実走行耐久試験においては，直接水をかけたり連続走行時間を制限するなど，ショックアブソーバの過熱管理を実施している．台上耐久試験においても同様に，オイル漏れを防止するために熱を持ったショックアブソーバを冷却する必要がある．

(1) ショックアブソーバの冷却方法

冷却方法の代表的なものとしては，空冷と水冷が用いられている．

空冷は，ショックアブソーバにエアーを当てる方法で，耐久中は常にショックアブソーバにエアーを当てた状態にする．一方，水冷は，ショックアブソーバにウォータージャケットを取り付けて冷却する方法である．水冷は空冷に比べて冷却効果が高いので，冷却のためのインターバルを取る必要がなく，試験期間の短縮になる．ただし，ショックアブソーバにウォータージャケットを取り付け排水経路を確保するなどの準備に手間がかかるので空冷を採用する方が一般的である．

(2) ショックアブソーバ冷却のためのインターバル

耐久試験中のショックアブソーバの発熱を空冷で冷却しきれない場合，ショックアブソーバ冷却のためのインターバル設定を検討する．インターバルを設定する必要がある場合は，加振波形にインターバル時間を組み込むが，その方法は各周回で一定時間のインターバルを設定することが一般的である．インターバルを実施する時間は，各車両によって異なるので，耐久試験中のショックアブソーバの加熱温度から冷却温度までの時間を測定して決定する．倒立式やエアサスペンションは構造上，通常のショックアブソーバよりエアーや水を当てにくく，多くの冷却を要するので，冷却方法やインターバル時間をどうするか十分に検討する必要がある．

(3) ショックアブソーバの交換時期

ショックアブソーバの適切な交換時期としては，オイル漏れしたとき(冷却をしても寿命によりオイル漏れをしたとき)，または，オイル漏れする前に点検のタイミングで距離と時間ごとに交換する場合がほとんどである．なお，オイル漏れするまで使用する場合は，日々の点検，モニタ管理などでショックアブソーバの状態を確認し，オイル漏れ確認後は速やかに交換できるようにショックアブソーバを用意しておく必要がある．また，交換時期についてはショックアブソーバの種類，特性，走行路面，温度環境等により異なるので各々のショックアブソーバで検討が必要である．

3.5.3 耐久モニタリング

(1) 進捗と実績管理

台上耐久試験のように，試験期間が長期に及ぶ試験は進捗と実績管理を実施することが必要である．進捗と実績管理はコンピュータ上で行うことが一般的である．初期の試験機と試験車両の応答に対して，試験中の応答を日々比較し，進捗と実績管理を行う．試験機が故障した場合は，いつ故障したか，また，き裂を検出した場合は，いつき裂が発生したかを，より正確な時間や耐久距離とともに知ることは，故障やき裂発生のメカニズム解明の鍵となる．

(2) モニタリング項目

台上耐久試験は無人での試験であり，試験機や試験車両の異常を検知するためには，耐久試験中のモニタリングは必要不可欠である．モニタリングを行う項目としては，試験機側の応答(荷重，変位)，試験車両側の応答(加速度，ひずみ)を確認することが挙げられる．試験機が正常に作動しているかをモニタリングするためには試験機側の応答を確認する必要があり，耐久試験中に設定した値以上に試験機側の応答変化があった場合，試験車両の点検を促すために耐久試験を一時的に中断しなければならない．一方で，試験車両側の応答については加速度をモニタリングすることで，耐久初期から入力に変化がないかを確認することができ，ひずみをモニタリングすることで，き裂発生距離と時間を正確に知ることができる．

モニタリング項目は，検証すべき内容によって加速度，荷重，変位などのタイムヒストリデータや，それら応答データを解析した統計値，ダメージ，頻度，PSDなど様々な値が挙げられる．また，モニタリングの方法は主にタイムヒストリデータを逐次追跡する方法と応答データ解析値を追跡する方法に分類される．

① タイムヒストリデータを逐次追跡する方法

1点ごとのタイムヒストリデータと，設定した上限値と下限値とを比較する方法である．モニタリング項目は加速度，コイルスプリング変位，スピンドル荷重などを選択する．上限値と下限値のレベルは基準応答ファイルに対する許容幅から設定する．

② 応答データ解析値を追跡する方法

タイムヒストリの1点ごとのデータと，上限値と下限値とを比較するのではなく，原則として個々の路面の加振が終了した時点で得られたタイムヒストリを解析した応答データ解析値を基準値と比較する方法である．

モニタリング項目となる応答データ解析値には以下の値が挙げられる．

・路面ごとのMax，Minなどの統計値
・路面ごとのPSD
・路面ごとのレインフローダメージ
・耐久開始からの累積レインフローダメージ

(3) 非常時の処置

試験機，試験車両に異常が発生した場合は，直ちに試験機を停止(緊急停止)させなければならない．緊急停止をすることで，試験機や試験車両の致命的な破損を防止することができるからである．その後, 不具合の点検により要因が特定でき，担当者で解決できる場合は処置を実施して，耐久試験を再開する．しかし，解決できない場合は，試験機メーカへ問い合わせて，点検・処置を依頼することになる．

参 考 文 献

（1）中丸敏明 “ロードシミュレーションの基礎理論” 自動車技術会 自動車の疲労信頼性設計・評価技術セミナー No.9306 p.28-39 1993
（2）青木恒保 “ロードシミュレータによる実車走行の再現技術” 自動車技術会 自動車の疲労信頼性設計・評価技術セミナー No.9306 p.40-54 1993
（3）飯坂久 “RPC Basic Theory Summary rev.6” 2013

ロードシミュレーションハンドブック　定価（本体価格 1,300 円＋税）

2016 年 11 月 10 日　初版第 1 版

企画・編集　疲労信頼性部門委員会

発 行 者　石山　拓二

発 行 所　公益社団法人自動車技術会
東京都千代田区五番町 10 番 2 号
郵便番号　102-0076
電話 03-3262-8211　FAX 03-3261-2204

印 刷 所　錦明印刷株式会社

©公益社団法人自動車技術会，2016　＜無断複写・転載を禁ず＞

ISBN 978-4-904056-74-5　Printed in Japan

●複写をされる方に
本誌に掲載された著作物を複写したい方は，次の（一社）学術著作権協会より許諾を受けてください．但し，㈳日本複写権センターと包括複写許諾契約を締結されている企業等法人はその必要がございません．著作物の転載・翻訳のような複写以外の許諾は，直接本会へご連絡ください．
一般社団法人 学術著作権協会　〒 107-0052　東京都港区赤坂　9-6-41 乃木坂ビル
Tel 03-3475-5618　Fax 03-3475-5619
E-mail info@jaacc.jp